JN144587

低周波音被害を追って

低周波音症候群から風力発電公害へ

汐見文隆

寿郎社

低周波音被害を追って

――低周波音症候群から風力発電公害へ

まえがき

「科学文明が人類を幸福にする。科学文明の進歩した国ほど、国民は幸福である」

本当でしょうか。

低周波音被害（低周波音症候群）は、昔の自然界の低周波音では発生しませんでした。それは低周波音を長時間・長期間連続発生させる機械の発達によって、一九六〇年代頃に初めて登場しました。低周波音被害者は科学文明の進歩による恩恵とは無縁の人たちです。むしろ、科学文明の「敵」「邪魔者」として扱われています。それが近代文明の「冷酷さ」のあかしです。

二一世紀になった現在、人類は本当に幸福になっているのでしょうか。それは決して原爆その他の危険な武器の存在とその製造責任のことだけを言っているのではありません。生活を快適に便利にしてくれるはずの文明の利器が、本当はそれほど人々を幸福にしてくれていないのではないかと思うのです。経済格差、貧富の差はそうした不幸を助長しています。路上生活者の増加は国の不幸の象徴です。現代社会はカネ・カネ・カネばかりで、そうした不幸な人々の対極にある富裕層側にもっぱら奉仕しているように思われます。

一九七四年、私が最初に遭遇した低周波音被害者は、その思いがけない被害について、「わかったら地獄」と表現しました。突然、極楽から地獄に突き落とされたのです。そしてその地獄は、極楽に住む我々にとっては理解困難なものでした。

それから三〇数年経ちましたが、まだ救済はありません。カネ儲けに邪魔だからです。「地獄の沙汰も金次第」という言葉は、二一世紀になってさらに輝きを増しています。

そして今度は巨大風力発電機の登場です。「地球にやさしい」を表看板に、その低周波音の住民被害を無視することが公然と行なわれています。

「ヒトの幸福」はどうなっているのでしょうか?

二〇一〇年三月　汐見文隆

序章

日本は文明国、科学の進歩した国と誰もが信じていることでしょう。科学技術立国という言葉まであります。

ところが、低周波音（周波数が低くて聞こえない、あるいは聞こえにくい音）の人間への被害については、被害発生が認識されて三〇余年、嘘とでたらめがまかり通ってきました。騒音とは比較にならないほどの厳しい不定愁訴の被害がありながら、低周波音「被害者」は「苦情者」と呼ばれ、まともな扱いをされてきませんでした。これでは到底、科学の進歩した民主的な国と認めるわけにはいきません。

二〇〇九年になって自公政権が崩壊し、官僚亡国という言葉が登場しました。低周波音被害は小さな問題のように思われていますが、まさに官僚亡国の象徴とも言えます。同時にそれは、産・官・学が慣れ合うこの国の悲しい姿を表してもいます。カネになるなら多少の被害には目をつむるという不正がこの国に蔓延し、改善されないまま今日に至っているのです。正しい科学のあり方を見失った、この国の前途は多難です。

低周波音被害は、国民全体から見ればごく少数の被害に過ぎないと見られています。その被害を無視しても、国民の大不幸にはならないと高をくくっている節があります。しかし、外国人と違って左脳（言語脳）優位の日本人にとっては、それは必ずしも通用しないのです。

この国の特に都会では、いろいろな機器や車などの増加と共に、騒音がどんどんひどくなっています。そこで騒音対策が日常化しました。騒音源に対して、そのエネルギーを低下させるのが本筋ですが、周波数を低下させれば騒音が小さくなるという便法があります。その手法を乱用したために環境中の低周波音が非常に増加してきているのです。

また、騒音によるマスキング効果により、低周波音の増加は騒音の増加の陰に隠されてきました。騒音が増えれば低周波音が増えても被害は表面化しないのです。

被害者側は防音対策として防音・遮音をします。すると、騒音は著しく低下しますが、隔壁を貫通する力の強い低周波音はそれほど低下しません。その分、騒音によるマスキング効果が失われ、隠されていた低周波音が表面化する恐れもあります。地球温暖化防止の見地から、省エネの意味で住居の隔壁の強化が推奨されています。断熱（保温）ということですが、同時に防音ということでもあります。それによって隠されてきた低周波音の被害が顕在化する可能性があります。

ある大手の建設会社は騒音のひどい場所で住宅を建築する時には遮音能力を強化して、室内の音圧を、騒音レベルで七〇デシベルから三五デシベル（A）に低下させることを標ぼうしているそうです。（A＝騒音レベルの音圧を「A特性」とし、（A）と表記する。）三五デシベル（A）なら安眠は保証されるはずですから、良心的な企業姿勢と自他共に認めて良さそうです。

その会社で新築した人が、騒音のひどい地域にあった自宅が驚くほど静かになったと喜んでいたところ、半年後に低周波音被害者になり、寝るどころか住んでいることすら困難になりました。相手が昔からある交通量の多い国道でしたから転居しか対策がありません。これは今後のこの国の悲惨な未来像を予言しているのではないでしょうか。

一方で騒音の激化に便乗して低周波音を増加させ、他方で低周波音被害者を切り捨ててきたこの国の未来が気になります。

そこへ「地球にやさしい風力発電」の登場です。風切り音などの騒音は出ますが、音が聞こえない場所なら住民被害はないという主張です。ところが遠く離れていて音が聞こえないはずの住民にも、不定愁訴的な被害の訴えが出始めました。それは普通音よりも遠くに届く性質のある低周波音かも知れないということになりましたが、長年、低周波音被害無視に成功してきた産・官・学は、「ああ、低周波音か、それならごまかせる。地球環境のためにも」と、この被害も無視してどんどん建設を進めました。それに便乗した風力発電の関連業者や産・官・学の対応は、とても人間尊重の文明国の姿ではありません。住民への影響など全くお構いなく、「地球にやさしく」を表看板に、カネ儲けに血眼です。

独立行政法人「新エネルギー・産業技術総合開発機構（ＮＥＤＯ）」の統計によりますと、二〇〇九年三月末現在、全国に約一五〇〇基の風車があり、総発電容量は世界一三位の一八五万キロワットだそうです。そして、資源エネルギー庁は三割ほどの補助金交付をこれらの風力発電に続けています。この国庫補助によって、この国は地球環境保護の進んだ国と証明したいのでしょうか。

ところが、話が違ってきました。風力発電による住民被害は、これまでの低周波音被害と違って個人差が少なく、地域の集団的被害、つまり「公害」の様相を呈しているのです。また、これまでの低周波音被害が日本人特有の被害とみられてきたのに対して、風力発電の被害は外国でもすでに言われており、日本国内だけでごまかし続けることは許されなくなってきました。

こうした風力発電による低周波音被害の出現は、これまで長年放置されてきた低周波音被害者救済の端緒にもなるのではないかと期待されています。それでこそ本当に「地球にやさしい」という言葉にふさわしいと言えることでしょう。

自然界には昔から低周波音はありました。風や波がその代表です。しかし、短時間の発生ですから、低周波音被害者は存在していませんでした。ところが機械文明の進歩と共に、長時間・長期間の低周波音を連続発生させる機械・装置が登場し、一九六〇年代頃から疾患として新しく登場してきたのが低周波音被害(低周波音症候群)です。低周波音被害は科学文明の進歩の負の側面を表しています。

さらにそこへ風力発電が登場しました。これらの低周波音の人間への新しい被害をどう正しく理解し、どう正しく対応するか、そこには現在の人間としてのモラルが問われています。

小泉・自己責任論をはびこらせてきたこの国が、低周波音被害を、新しい機械・装置という低周波音源の責任と見なさず、被害者の自己責任にすり替え続けていますが、風力発電公害が顕在化しようとしている現在、今後それにどう対応するかは、日本国民の幸・不幸の未来像を象徴しているように思われます。

第一章　低周波音症候群——無視され続ける被害者たち

1　因果律の世界

自然科学の基本は因果律です。原因があって結果があります。それが［原因＝結果］であれば正しい科学的な答えとなりますが、原因と結果とが符合しなければ間違いですから、採用してはなりません。

自然科学のうち理工学部門では、原因が与えられて結果を求めます。原因論者と呼びましょう。医学部門では逆に結果（疾病）が与えられて原因（診断・治療）を求めることになります。結果論者と呼ぶことにしましょう。両者は反対の思索方向です。

低周波音は理工学部門ですが、それが低周波音被害となると、被害とは人間への結果ですから、その究明は当然医学部門の領域になります。別に医者が偉いというわけではありませんが、自然科学は医学者に結果論者としての思索方式を指定しているのです。このことを原因論者（理工学者）は十分認識していないようです。

低周波音被害に関して今日まで理工学部門が主導権を握り続けたことに、この問題の誤りの出発点があったのです。〔原因＝結果〕とならないのに、強引にイエスとしてきたのです。

それは科学の真実に対する根源的な冒涜でした。それが三〇年以上も続いているのですから、日本はとてもまともな科学国家とは言えないのです。

『音の百科』（松下電器音響研究所編、東洋経済新報社、一九八五年）を読みますと、いろいろ音に関する知識を授けてくれます。その中に「カクテルパーティ効果——言葉のきき分けは聴覚と脳の合作で」という項があります。


人が大勢集まる駅やデパート、コンサートやパーティ会場などでは、人々の話し声やさまざまな騒音が飛びかっている。このような状態においても、われわれは目指す相手の声を聞き分け、自由に会話することが可能である。このように、多数の中から特定の会話をきき分ける現象をカクテルパーティ効果と呼んでいる。大勢の人の話し声や騒音が入り混じっている中で、人の声をテープレコーダで録音再生した場合と、テープレコーダを通さずに直接声をきいた場合とでは、明らかに後者の方がききとりやすい。

理工学関係の方のこの手の著述にこのカクテルパーティ効果がちょくちょく出てくるのは、原因論を外れていて珍しい現象だからであろうと思われます。そこには脳の働きが関係するとは書かれていますが、それ以上の正確な理論なり解説にはお目にかかりません。脳となるともはや理工学者には理解が困難なのでしょう。

録音するというのは、その音（原因）を理工学的に正確に表現するということですが、それがそのまま聴覚（結果）に反映されないのです。もちろんその音を正確に測定してみても、その聴覚が証明されないのは同様でしょう。脳の介在によって、「原因＝結果」とならないことがあるということを、理工学関係者は銘記すべきでしょう。それはもはや彼らの学問領域ではありません。

そう考えますと、カクテルパーティ「効果」という言葉は変ですね。「逆効果」とか「反効果」とか言うべきでしょう。ここだけ人間が顔を出すのに、「効果あり」では、原因論者の立場が消失しています。

もしその結果がモノであれば、「原因＝結果」となるのは容易でしょう。私には苦手ですが、しばしばそれは数学によって完全に証明されます。しかし、結果がヒトであればそうはいきません。ヒトの反応の仕方は複雑怪奇ですから、前提として人間に対する冷静な観察と思索が必要とされます。軽率に原因から結果に直結させようとするのは間違いの元になります。

後に詳しく説明しますが、人間の場合、言語は左脳（言語脳）が統一して受け入れます。それに対して雑音、つまり聞き取りたくない非言語音は右脳で受け入れられるようになっています。

この場合、言語脳の性能（集中力）は優れていますが、非言語脳はあまり聞き取りたくないということでしょうか、注意散漫というか、集中力が悪いのです。あるいは聞き取るまいとするのでしょうか。その結果、より大きな音である雑音より、より小さな音である言語の方が、脳には大きく受け入れられ、会話が可能になるわけです。つまり、物理学的な音の大小と、脳が反応して受け入れる音の大小とは逆になるのです。

やかましい環境音もその会話音もいずれも普通音です。それでも、原因から結果が導かれないということになり得るのです。

ところが低周波音となれば普通音とは大違いです。周波数が大違いなだけでなく、その被害像もまた大違いです。騒音は「やかましい」ですが、低周波音被害は不定愁訴で、「苦しい、殺される」となります。

また低周波音被害はなぜかすぐには被害が発生せず、通常、半年前後の潜伏期があります。潜伏期中の全く平気なその人と、発症後の耐えられない苦しみの別人のようなその人と、同一人物というのはどういうことでしょうか。別に聴力が変化したわけでもないようです。

また、これと同一線上に、同じ生活環境でありながら全く平気な人と、苦しくて耐えられない被害者とがいて、極端な個人差がみられます。しかもその二人が長年同居している仲の良い夫婦ともなると、聴覚では到底説明できない奇怪さです。

しかし、別に被害者が変人・奇人の類ではありません。この問題以外では全く普通の人です。それがこと低周波音になると状況が一変するのですから不思議です。

昔の日本人には自己主張の少ない従順な人が多かったようです。考えてみると、戦前、私が受けた小学校の教育は、文部省の国定教科書で、「教科書が正しい」が基本でした。その正否を思索するのではなくて、丸暗記することに懸命でした。

それでは民主主義が育たないと、戦後は自分の知覚や意識を尊重して思索することが求められてきました。「自分が大事」を基本に考える教育が行なわれてきたと理解しております。それは本来的には正しい選択だと思いますが、他方、ある意味では自己中心主義者の増加を招来しているとも考えられます。

ところが低周波音被害の世界では、私を含めて一般の人にはその被害は全くわからないのです。低周波音被害を理解するためには、一転して、自分の知覚や意識を放棄して相手の主張を全面的に取り入れるという「虚心」が要求されます。しかし、自己中心主義者の多い現代人には、それは極めて困難なようです。そのため低周波音被害者の訴えは容易には受け入れられません。

低周波音被害は「超カクテルパーティ現象」とでも称すべきもので、脳の関与はさらに大きいとみられます。これはもはや原因論者の手に委ねることは許されません。結果論者の出番です。

低周波音被害が長年無視され続けたのは、この原理的な対応体制の根本的な誤りである、人間の問題に「原因論者が主導権を握る」にありました。この誤りに対し、法文系中心の官僚たちでは容易に批判できず、それどころか加勢すらしてきたのです。

医学部門についても、結果から原因を求めることは必ずしも容易ではありません。しかし、医師は日常の診療の場で疾病に対して診断・治療が求められますから、いろいろ苦心して考察することを習慣付けられています。完全な証明ができなくても、重大な誤診とならないよう一歩でも正解に近い合理的な原因を追求します。検査をいろいろやるのは、少しでも正しい客観を獲得したいがためです。あながち金儲けのためだけではありません。

疾患には、機能性疾患と器質性疾患とがあります。低周波音被害は、ある程度以上の強さの低周波音に暴露された時に被害が発生しても、低周波音が消失した時には被害も消失して正常に戻るのが原則ですから、機能性疾患です。

心臓発作では、心筋に対する冠動脈の血流が低下すると、「胸が締め付けられる」という訴えが生じます。この症状の場合に、狭心症は機能性疾患、心筋梗塞は器質性疾患です。いずれも心電図の異常で診断されます。狭心症では発作時には異常が認められますが、発作が去れば正常心電図に戻りますから、患者さんの症状に合わせて検査する必要があります。それを無視しては、「心電図正常、心臓に異常はありません」と誤診しかねません。心電図を取る医師なり検査技師自身には発作はわからないのですから、それは患者さんから教わるしかないのです。

低周波音被害者が今苦しいかどうかは第三者にはわかりませんから、やはり被害者に尋ねて確認しながら測定する必要があります。それを怠ると診断を誤ることになります。

低周波音被害者の複雑な不定愁訴の訴えは、以前から言われている、いわゆる「自律神経失調症」にそっくりです。自律神経失調症はあれだけ多様な訴えがありながら、基本的に客観的な所見がありません。同じく低周波音症候群も、多様な訴えをしているのに、明確な所見が欠落しています。これでは診断は困難ということになります。低周波音被害者は、しばしば「自律神経失調症」と誤診されて、対症療法を続けていたりします。

こうして機能性疾患では、身体内に構造的異常とか構成成分的異常がありませんから、それを検索して診断することはできません。しかし、可能な限り正しい診断を求めるためには、客観が欲しいわけです。

また、疾患には外因性疾患と内因性疾患とがあります。私の医学生時代ですが、基礎医学が終了して臨床医学に移る時、一番最初に教わったのは外因性疾患と内因性疾患との鑑別です。

外因性疾患はその原因を見付けてこれを排除することができれば、原則的には完治します。原因をそのままにしていくら対症療法をしても治癒は望めませんから、原因の発見は治療の基本です。

低周波音被害は、原因となっている音源が停止するか、音源が影響しないところまで遠ざかれば、症状は消失しますから、外因性疾患であることは明らかです。その証明にはその外因、つまり犯人である低周波音を証明する必要があります。これの厳格な測定によって客観を得ることができれば、自信を持ってことを進めることになります。

客観とは症状の強弱と測定された低周波音の強弱とが合致することが証明されるということです。それは医療の診断の基本でもあります。

しかし、低周波音（空気振動）は不安定な物理現象ですから、その正確な測定には細心の注意が要求されます。それには結果（被害者）に対する十分な配慮と理解が前提です。「計りゃいいんでしょう、計りゃ」という精神ではうまくいかないことが多いのです。

測定場所の基本はまず「被害現場」です。それは音源機械そのものではなく、被害者が長時間生活して被害が発生した「生活現場」ということです。

しかし、ここで注意が必要なのは、騒音と違って測定者には低周波音が聞こえないのが普通だということです。被害者が「今はきつくないから、もっときつい時に測って欲しい」と測定者に頼んでも、無視されることがしばしばです。でもそんな姿勢ではダメなのです。ところが「夜にきついから夜に測定して欲しい」と被害者が頼んでも、「夜は勤務時間外だ。測定は午後四時半まで」と拒絶した測定者がいました。東京都大田区の職員です。それに横浜市の環境部門にも似た対応がありました。地方公務員はいったい誰のために仕事をしているのでしょうか。

正しい測定の仕方は、測定者が被害者に尋ねて、まず被害症状がきつい時の生活環境（被害現場）の低周波音を測定することです。そして次に被害症状の軽い時、可能であれば被害症状が全くない時の同一場所の低周波音を測定します。両者の測定値に明確な相違があれば、原因は低周波音であることが客観的に証明されたことになります。これが結果から考える医療の診断の基本姿勢です。

不安定な空気振動ですから、五デシベル以下では差があるとは断定できません、少なくとも一〇デシベル以上、できれば二〇デシベル前後の差が欲しいと考えます。

もう一つの問題は周波数です。はっきりとしたピーク（卓越周波数）が被害現場では認められます。ピークの存在が外部から異常な低周波音が侵入していることの証明です。

そのピークが出現する周波数について私の経験から言うと、これまでわかりやすい数字として一〇－四〇ヘルツとしてきましたが、八－三一・五ヘルツの方が正しいかもしれません。

五〇ヘルツ以上の空気振動は騒音になります。私の被害現場での経験では、五〇ヘルツ以上は低周波音被害をマスクする側に回ります。小型の家庭用電気冷蔵庫の五〇ヘルツの稼働音で苦痛が楽になると、深夜に布団を台所に引っ張っていって寝ていたご婦人もありました。

他方、八ヘルツ未満のピークでは、一般の低周波音被害（低周波音症候群）には該当しないと見ています。聴覚が関与できないと見るからです。八－三一・五ヘルツのあたりに、一〇デシベル以上の差のピークが証明され、それが被害症状の有無と一致すれば、被害症状は客観的に裏付けられたことになります。これで［結果＝原因］が成立です。

医学の進歩と共に、精密な科学的測定や高価な精密機械による物理的検査が導入されました。そこまで実施するのは医師には無理ですから、臨床検査技師の登場です。その技術もますます高度化しています。しかし、理工学関係者の臨床検査技師は、あくまで臨床診断の補助者であって、診断は医師の役割です。正しい精密なデータを提供してくれるのが検査技師であっても、最後の診断は医師がやることになっています、それまで検査技師がやれば医師法違反です。患者さんという人間を知るという基本はそれほど大切なことなのです。

ところが低周波音被害では、医師ではない理工学関係者が診断の領域にまで足を踏み入れ、しかも人間（被害者）の理解には無頓着そのものの冷酷さです。そして国（環境省）がそれを是認しているのです。文科系の連中が主体である官僚組織であるのに、です。

この結果［原因≠結果］を［原因＝結果］にすり換える詐欺的行為が天下公認となり、長年低周波音被害者を切り捨ててきたのです。

低周波音の測定（一／三オクターブバンド周波数分析）はそれほど高度な技術ではありませんし、測定器も、普通の騒音計よりは高価ですが、ＣＴ（コンピューター断層装置）やＭＲＩ（磁気共鳴断層装置）ほど超高価な機械でもありません。しかし、病院施設内での測定の対象にはなっておりません。あくまで患者さんが生活している被害現場を主体にした測定ですから、病院の優れた臨床検査技師の手を借りることもできません。

つまり原則的には医師の手の届くところに検査データがないわけです。被害像の特殊性と相まって、そのことが一般の医師の理解を遠ざけ続けているとも言えます。

特に「三時間待って三分間診療」と評されている患者の多い病院では、臨床の基本であるべき問診がどうしても手抜きになり、機能性疾患であり外因性疾患である低周波音症候群の診断には不向きというほかありません。その問診の不足を、優れた諸検査がカバーして誤診を防いできているのが現在の進歩した医療の現実ですが、その優秀な検査能力も役立たずとなりますと、よくわからない疾患として、開業医からわざわざ有名病院に紹介されましてもお手上げです。ＣＴもＭＲＩも、そしてその他の臨床諸検査もすべて異常なしで戻ってきます。

患者の方も、自分の複雑怪奇な症状を医師に伝えるには三分間では短か過ぎます。初診時、自分の苦しい複雑な病像をしゃべり出したと思ったらアッと言う間に時間切れです。そのためもっとも重要な「この症状は音源が停止したり、音源から遠ざかったら消失する」という外因性疾患を意味する被害状況を医師に伝えるのがつい疎かになりがちです。

初診時には十分被害症状を伝えられなかった、今度こそと、検査データの揃った再診時に勢い込んで受診すると、医師はこちらを見ようともせずに検査データを次々と点検した後、

「なんともありません！」

「では、こんなに苦しいのはなぜですか？」

「それなら、神経内科（あるいは精神科）を紹介しましょう」

こうなりますと、これは自律神経失調症だな、あるいは更年期障害とか、うつ病や統合失調症に類似した精神性疾患だろうと誤診されてしまうことになりかねません。

誰にも聞こえない音を聞き取り、苦しいと騒ぎ立てるのは統合失調症に違いないと、精神病院に長期入院を余儀なくされた被害者もいると聞いています。病院ではこれまでの自分の環境に存在していた低周波音がなかったので、たちまち無症状に改善したと見られますが、入院治療の効果にすり替えられたのかも知れません。

熟練しているはずのベテラン医師から、「気にするからだ」と切り捨てられた低周波音被害者もいます。低周波音被害のことを何も知らなくても、「オレはエライんだ」という自尊心が抜けない医師が少なくないようです。恥ずかしいことです。

問診は下っ端の医師の仕事。エライ先生はそんな面倒なことはやらないとなると、大先生の方が低周波音被害を理解できないことになりかねません。医療崩壊の一つの姿です。

ＣＴ、ＭＲＩの画像の解読に自信があるのでしょうか。ある市民病院の院長先生に気の進まないその検査を強く勧められ、イヤイヤ検査を受けたところ「なんともない」となりました。そこで恐る恐る低周波音被害のことを申し上げたところ、「低周波音ならどこにでもある。無人島にでも住まなければダメだ」との仰せ。こんなメイ医が幅を利かせていては、医療界の前途も多難です。

こう見てきますと、悪いのは原因論者（理工学者）だけでもなさそうです。医療は結果論だから間違いはしないなどと呑気に言っている場合ではありません。

こうして低周波音被害者の多くは、長年ヤミの中に放置され続けてきました。その間に、工場、スーパーなどの商店、各家庭と・日本人の生活環境に低周波音は増え続け、当然、それに比例して低周波音被害者も増え続けてきたのです。

こんな状況がいつまでも続くことは許されません。

2 メリヤス工場隣家の被害――最初の低周波音被害経験例

私が一番最初に低周波音被害者に遭遇したのは和歌山市内のメリヤス工場の隣家の被害例です。一九七四年六月のことです。子供の小学校のＰＴＡの知り合いの関係で、妻を通じてある県会議員から「和歌山市内のメリヤス工場の隣家に公害らしいものが発生しているから調べて欲しい」との依頼を受けたのがその始まりでした。

公害対策基本法が公布されたのが一九六七年ですが、「経済の発達を阻害しない範囲での公害防止」という悪名高い「経済調和条項」は、あまりの公害状況の悪化に、一九七〇年の公害国会で削除されました。

当時の国民の反公害の機運の高まりは強いものでした。

一九七二年、私も有志と協力して「和歌山から公害をなくす市民のつどい」を結成し、月一回の公害問題の学習会「公害教室」を続けるようになり、一九八一年一月には一〇〇回を重ねました。「公害問題」にのぼせ上がっていた当時でした。

記録を調べますと、一九七五年一二月、その「第四三回公害教室」で私が「超低周波音公害」の話題提供をしております。「メリヤス公害」に遭遇してから一年半後です。

その時、同志の故・宇治田一也氏から「これは先生のライフワークですな」と言われたことを記憶しております。公害と言えば「水俣病」、「イタイイタイ病」、「四日市・西淀川大気汚染公害」など、生命に関わる病気が並んでいましたから、生命に関係のなさそうな「超低周波音公害」がライフワークでは、当時の私には不満でした。

その二〇年後の一九九五年、私は第四回田尻賞を受賞しました。どなたが推奨してくださり、また何のテーマなのか、当時の私にはよくわかりませんでしたが、断る理由もありませんから有り難く頂戴しました。その後どうやら低周波音問題が中心らしいということになりましたが、その時点でそれほど立派な業績を挙げていたわけではありません。

しかし、さらに一〇年余を経て、宇治田氏が予言された通り、低周波音問題はいつの間にか私のライフワークとなっていました。高齢になって思考範囲も活動範囲も狭くなり、内科診療所も閉院して七年余りを経過しては、他に取り得もやるべき仕事もありません。ライフワークと言うよりも「老いの一徹」と言うべきでしょうか。

一九七四年六月の当初、私は「メリヤス公害?」ということで張り切りました。まず予習してみますと「綿肺」という言葉を見付けました。「綿ぼこり」を吸って肺疾患になるというのです。ただし、その前もその後も、そういう患者さんにお目にかかったことはありません。しかし、メリヤス工場の周辺で相当の被害が出ているということで、いったいどんなにひどい公害かと勢いこんでメリヤス工場隣家を訪れました。

ところが、隣家の夫婦の熱烈な訴えを延々と聞きながら、一方で原因は何か?と探ってみるのですが、予想した原因である綿ぼこりはもちろん、煙、粉じんその他の大気汚染も、悪臭も騒音も振動も何もありません。原因は何か、私にはサッパリ見当がつかないのです。

被害者宅は戦前からメリヤス工場と隣同士でしたが、社会の進歩と共に、工場の機械・装置が徐々に進化・整備されました。同時に操業時間が長くなり、二四時間操業から日曜日以外の連日操業、さらに年中無休となっていました。

そうした中、一九六八年頃、妻が頭痛、不眠、イライラ、肩凝り、胸の圧迫感、両手のしびれ、めまいなどの不定愁訴に苦しむようになりました。これは自律神経失調症に類似した機能性疾患像です。医療機関を受診しても、客観的な異常所見はありません。頭痛に痛み止め、不眠に睡眠薬、イライラに安定剤と対症療法を受けましたが、良くなるはずはありません。こんな医者はダメだと医者を替えても同じこと、薬の山を築くだけです。耳鼻科、整形外科、眼科、さすがに当時は精神科の受診は敬遠しましたが、次はどこを受診するか電話帳をひねくりまわしたということです。

電気商の夫は、これは妻の特異的な病気だとばかり思っていました。自分はなんともないからです。ところが四年間の空白を経て、一九七二年頃から夫も妻と類似の症状に苦しむようになりました。頭痛、肩凝り、耳鳴り、どうき、めまいなどです。ゼロからプラスへ一変したのです。「わかったら地獄」というのがその時の夫の名言です。つまり、わからない間（四年間）は極楽であったということです。

さらに言えば、わからない人は極楽にいるが、わかれば地獄に落ちる。何もすき好んで地獄に落ちたい人はいないのですが！　そしていったん地獄に落ちれば、その環境から抜け出さない限り地獄は続くのです。

二人の症状が隣の工場の操業と関連していることは、隣同士ですからすぐわかります。特に日曜日が休みであった当時は、日曜日になると全くなんともありませんでしたから、確実に工場の操業に由来すると認識できました。使用材料が、切れやすい綿類から切れにくい合成繊維に変わった時、被害が格段にきつくなりましたので、合成繊維が入荷していないか、倉庫を覗きに行ったりもしました。

家に居てあまりに苦しい時には、二人で車に乗って和歌山市内を走り回りますと、三〇分ほどで楽になったということですが、我が家に帰れば「もとのもくあみ」です。

夫婦は当初は騒音が原因だと考えましたので、和歌山市役所に訴えて一九七三年、騒音測定が実施されました。その和歌山市の騒音測定では隣家の居間で五五－五六デシベル（A）で騒音基準オーバーでしたが、工場側の速やかな騒音対策により、それは三三デシベル（A）に下がりました。騒音基準よりはるかに下、もう問題はないはずです。

ところが被害症状はそれによって楽になるどころかかえって増悪し、むしろ今まで騒音に紛れてわかり難かった不快感がはっきり姿を現したというのです。

二人の被害は〈騒音被害とは別物〉であることは明白でした。

その後私は、何回となく工場の隣家を訪ねましたが、原因らしいものはまったく感じ取ることはできません。延々と不思議な被害症状を聞かされながら首をひねるだけでした。

「今きついですか？」

「きついです！」

「？・？・？」

ネズミを何匹か飼って、メリヤス工場隣家の居間、一番きついという風呂場、対照として我が家の玄関で飼育しましたが、結局、「我が家の玄関が臭い」と妻に叱られただけでした。

こうして空しく一年余が経過しました。


患者さんの訴えを詳しく正確に聞き取ること（問診）は、臨床の出発点であり、基本です。しかし、例外的に、どうも納得いかないということがあります。その時初めて、これはウソではないか（仮病）、あるいは頭がおかしいのではないかと考えることになるのが、臨床医の思考の常道です。

このメリヤス工場の隣家の場合、首をひねり続けても、これはウソだろうとか、頭がおかしい人たちだろうとは、一度も考えたことはありませんでした。聞けば聞くほど訴えに具体性があり、迫真性があったからでした。それを聞き分けるのも人間を相手にする医師の役目なのです。しかし、機械を相手にする理工学系の人たちにとっては、苦手なのかも知れません。


一年余が過ぎた翌一九七五年七月四日、ＮＨＫテレビ「明日への記録」は「超低周波音公害」を報道して、この問題の答えを教えてくれました。西脇仁一東大工学部名誉教授の業績の報道でした。

隣家のセントラルヒーティングの稼働により発生する超低周波音に苦しむ東京都在住の婦人の不思議な被害の話です。隣家の暖房がかかると苦しくて我が家を逃げ出すのです。

たまたま私もその番組を見ていたのですが、私にはこれが「メリヤス公害？」と同じだとは、ピンときませんでした。しかし、さすがに被害者の夫婦、すぐこれだと察知したのです。そこで、早速

ＮＨＫを通じて「騒音被害者の会」の佐野芳子さんを紹介され、さらに番組で超低周波音の測定に当られた西脇名誉教授にお願いしたところ、西脇先生には同年九月に、無料で和歌山市まで測定に来て下さることになりました。

その測定により、一六ヘルツにピークがあることが証明され、「超低周波音公害」と判明しました。早速私も測定機械を購入して、隣家の居間で測定しました。【第1図】

西脇測定では、工場内一六ヘルツ・七八デシベル（コンプレッサー室内九二デシベル）でしたが、その後の隣家の居間（被害現場）の測定では、いくら繰り返し測定しても五〇デシベル台で、六〇デシベルを越えることはありませんでした。物足りませんが仕方ありません。測定機械を工場隣家の居間に設置して、奥さんに随時きつい時にボタンを押してもらうようにしましたが、同じことでした。

六〇デシベル以下でこれだけ苦しんでいる。ではそれより二〇デシベルもきつい工場の労働者は大丈夫なのだろうか？　大丈夫とは常識では到底考えられないことでした。

たまたまその頃、一人の工員が工場内の窓際で嘔吐しているのを見つけました。やはり従業員も超低周波音にやられているのだ。いずれ次々退職して営業は立ちいかなくなり、この問題もやがて自然に解決するだろうと想像したのですが、そんなことにはなりませんでした。その工員もその後はちゃんと勤務しているようでした。

結局工場は発展して遂に市外へ進出することになり、近隣トラブルのある現工場は倉庫になりましたので、隣家の夫婦の被害問題は解決しました。しかし、進出先の周辺では大丈夫でしょうか。答えは今後に引き継がれることになっただけかもしれません。

[第1図]の矛盾した状況はどう説明されるのでしょうか。

＊労働者は健康診断を経た健康者である。住民には病人も弱者もいる。

＊労働者は職場を選べるし、体調が悪ければ休暇も取れる。住民は被害が発生しても簡単に状況を換えることはできない。

＊労働者は基本的に八時間勤務。住民は年中在住。

＊労働者は職場から給与を貰っている。住民は生活費を自弁している。

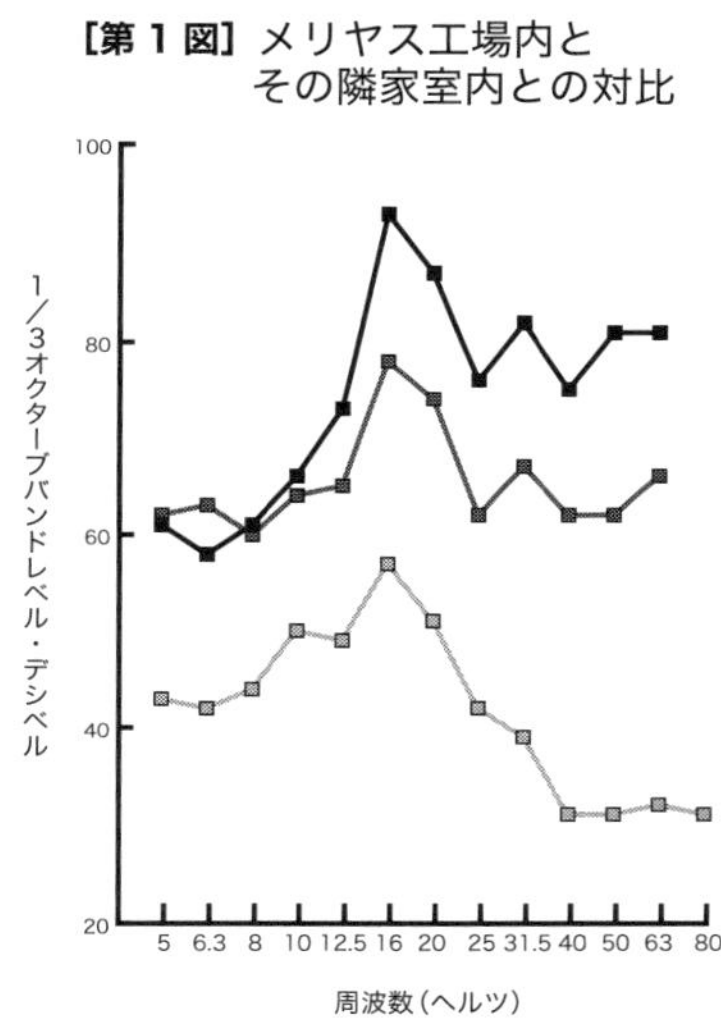

しかし、こんなくだらないことは、この隣家のひどい苦しみを考えますと、たいした理由付けにはなりそうにありません。

そこで当時考えたことは、

①我が家での安静・休養の場（副交感神経緊張＝ブレーキ）で被害が発生します。職場の労働の場（交感神経緊張＝アクセル）では

被害は発生しません。

したがって、低周波音の測定は、音源の近傍ではなく、被害現場の測定が基本になるということです。

②騒音のマスキング作用により、低周波音被害は緩和されます。騒音は距離減衰が著明で、隔壁により吸収、反射されやすいですが、低周波音は距離減衰が少なく、隔壁に対して透過(貫通)、回折(乗り越え、回り込む)の力が強いため、隣家では工場からの騒音は著明に低下していますが、低周波音は低下が少ないため相対的に低周波音優位となります。

工場内では低周波音に対するマスキングが著明ですが、隣家ではマスキングが少ないという理屈です。

	[一六ヘルツ]	[五〇ヘルツ]
工場内	七八デシベル	七二デシベル
隣家	五八デシベル	三一デシベル
差	二〇デシベル	四一デシベル

測定の個別的な誤差が著明ですが、それを想定しても、工場内に比べて、五〇ヘルツではひどい差があります。距離減衰の差を教えています。

その後の経験では、五〇ヘルツは低周波音被害を起こさず、逆に被害をマスキングする騒音の側であることが判明しました。

おまけとして、苦しい時ラジオや音楽を聴くと楽だということもありましたし、また、戸をきっちりと締めると余計苦しいという不思議な現象もありました。

妻は一九六八年発症、夫は一九七二年発症です。ではこの四年間の時差は何でしょう。

女性は低周波音に弱いのではないか。しかし、妻は平気で夫だけが被害者という例も、その後何例か経験しております。

あるいはこの妻はたまたま個人的に感じやすい体質や性格ではなかったかという問題が考えられますが、結果の被害の重大さに比べれば、それを基本的な問題点とするのには無理があります。

電気商の夫は、注文された電気製品の取り付けや故障の修理などで、外回りが主でした。妻はその注文の受付や、店で電池や懐中電灯や電気製品の小物などの販売をしていましたから、なるべく我が家に居る必要がありました。この我が家（メリヤス工場隣家）に居住している時間の差が、発症の四年の時間差の一番大きな理由とみられます。

それにしても、この四年間、妻は苦しみ、夫はまったく平気でした。普通の音の聴覚なら、当初夫は難聴があり、四年後に治癒したとなりますが、そんな事実はありません。ここでも、夫婦の被害は騒音被害とは違うのです。

さらに私自身は、いくら現場に通っても音が聞き取れないだけでなく、まったくなんともありません。私は聴力障害者ではありませんが、よほどニブイのでしょうか?

当初あれだけメリヤス公害に熱中しておりながら、NHKテレビでの「超低周波音公害」にピンとこなかったのも恥ずかしい思いでしたが、今では「被害者ならわかる、非被害者ならわからない」という決定的な差があることを認識せざるを得なくなりましたから、恥ずかしがることもありませんでした。

この不思議な〈個人差〉は、長年そんなものだと無視しておりましたが、三〇年後にやっと答えが出て来ました。「左脳受容説」です。次項で説明致します。〔参照:『左脳受容説　低周波音被害の謎を追う』汐見文隆(アットワークス、二〇〇七年)〕

3 聴覚と左脳(言語脳)

私たちの感覚(五感)とは、視覚・聴覚・嗅覚・味覚・触覚の五種の感覚を言います。その内どれが一番大事かと言われますとまず視覚だと考えがちですが、聴覚が一番大事だと訂正された記憶があります。視力を失った時の生活の困難より、聴力を失った時の生活の困難の方が大きいと言われました。

感覚神経も運動神経もなぜか左右に交叉して脳に到達します。右の脳がやられると、左半身の麻痺や感覚障害が発生します。左の脳がやられたら、右半身の麻痺や感覚障害になります。

ブロ野球・巨人軍の長嶋茂雄終身名誉監督が脳梗塞に罹患されてから五年余りになります。右半身麻痺は左脳の障害を意味します。右打者で当然右利きでしょうから、右半身麻痺は不自由なことでしょう。

ところが左脳の障害にはさらに失語症を伴います。「利き腕 ＋ 失語症」では辛いことです。やられるなら右脳だと言っても、自分で選ぶわけにはいきません。

その後、吉本興行所属の漫才師、宮川大助・花子の大助さんが脳内出血で倒れたと聞き、失語症なら商売道具がダメになると案じましたが、左半身麻痺でしたから、右脳の障害で失語症なし。障害も軽かったのでしょう。三カ月で舞台に復帰されました。

最近、長嶋監督をテレビで拝見しましたが、やはり右半身麻痺の跡がうかがえるだけでなく、会話は可能ですが、なにか子供のようなぎごちなさを感じさせられました。

なぜ左脳障害に限って失語症なのか。それには、五感の中で聴覚だけが、特別に脳の左右差が著明なことを知らなければなりません。聴覚は「言語」という人間にとっての大切な仕事に関与しているからです。

基本的には、右耳に入った音は主として左脳の聴覚野に、左耳に入った音は主として右脳の聴覚野に送られます。神経交叉の原則通りです。

ところが言語という複雑にして高次な機能を果たすために、言語中枢は左脳にまとめられています。すると、右耳→左脳ならよいのですが、左耳→右脳の場合は、右脳から脳梁を通って左脳に送り直すことになります。その脳梁を通る伝達速度がやや遅いため、能率が悪いのです。

『右脳と左脳――その機能と文化の異質性』（小学館、一九八一年）という本があります。著者は、角田忠信・東京医科歯科大学難治疾患研究所聴覚機能疾患部門教授です。本書によりますと、脳幹に存在すると考えられる「自動選別スイッチ機構」によって、その音が言葉と聞き取ったら、途中でサット左脳へ、言葉と違うとみたら右脳へ振り分けられるというのです。あくまで自動的にです。自動ですから、本人の意思によって選ぶわけではありません。その際言語音は非言語音より優先して左脳へ選別されると見ておられます。

左脳（言語脳）　言語音、計算
右脳（音楽脳）　音楽、機械音、雑音

低周波音は機械音、雑音ですから、当然右脳の所管になるはずです。角田氏によれば、ここで日本人の特殊性が語られます。

母音、情緒音、自然音に対して、

日本人　言語脳優位
西欧人　非言語脳優位

その基本に存在する姿は、

日本人　心と「もの」との対立（自然との共存・調和）
西欧人　理性と自然との対立（論理的、知性偏重）

日本人は左脳で自然との共存・調和を計りますが、西欧人には左脳にそういう役割はなく、自然音などは右脳で冷静に処理します。

わかりやすい例として「虫の声」が挙げられます。「虫の声」は日本人は左脳、西欧人は右脳で聞く仕掛けになっています。西欧人なら「虫の音」と言うべきでしょう。日本人にとっては情緒的な音ですが、西欧人にとっては雑音でしかないのです。

最近聞いた話ですが、日本人の映画監督が情緒的な背景音として「虫の声」をふんだんに取り入れた映画を作ったところ。外国から「雑音が多過ぎる」と苦情があったという話です。

「虫の声を愛でる」というのは、万葉の昔からの日本人の習性です。当然そんなものだと日本人は考えていましたが、外国人は違うのです。

角田氏が外国での学会が終わって外に出たところ、コオロギが美しい声で鳴いていました。「いい声ですな」と、後から出てきた外人の学者に話しかけると、「ハァ?」。彼には聞こえていないのです。雑音として聞き取らないように対応しているのです。

あんな良い「虫の声」を聞き取れないとは気の毒なことだと考え勝ちですが、実はそうとも言えない厳しい現実が隠れているようです。このことは人類として進歩と考えて喜んで良いかどうか疑問なのです。

■毎日新聞二〇〇七年九月一五日「余録」

「日本の文字はもちろん家庭生活でも虫の調べに与えられている地位の高さは、西洋人にはまだ未開発の方面に日本では美的感受性が育っていることの証しとなろう」(小泉八雲「虫の演奏家」)。わかりやすく言えば虫の音は西洋人には騒音にすぎないということだ。

小泉八雲ことラフカディオ・ハーン(一八五〇―一九〇四)は、ギリシャ生まれのイギリス人です。一八九〇年に来日、日本人のこの特異な習性に気付き「虫の演奏家」という文章を書いております。彼はやがていろいろな虫を飼ってその声を愛でたということですから、「日本大好き」な彼は、いつ

しか左脳で聞くようになったものと想像されます。

なぜ日本人にはこんな特異性が存在するのでしょうか。

角田氏は日本語の特異性にその原因を求めておられます。日本語は外国語に比べて母音が格段に多く使われ、また母音単独でも言葉になる単語が多いことから、より多くの音が「自動選別スイッチ機構」によって言語と判断され、左脳に振り分けられるようになったと考えておられます。母音そのものが、日本人は左脳、西欧人は右脳へ送られます。

近くの韓国や中国はどうかと言いますと、これも西欧型だそうです。西欧人も幼少期を日本で育つと日本人型になり、日本人でも幼少期を外国で育つと西欧型になりますから、これは遺伝ではなく発育環境が決定していることになります。大体、小学校低学年あたりの年齢の数年間の言語環境がこれを決めているそうです。国語教育の成果です。

こうしてこれまで思いもよらなかった東西の相違が、気が付かないところでいろいろな差異をもたらしていることを理解する必要がありますが、それがほとんど無視されているのがこの国の現状です。

例えば日本人は英語の会話が下手です。母音の所在が脳の左右で違うのですから、ひどいなまりになって当然です。その認識なしで、英語を小学校で教えることでそのなまりをなくそうとしても無理があります。現在カタカナ英語が多用されていますが、カタカナ英語とは子音をわざわざ母音付きに変更しているわけですから、左脳優先の奨励です。

英語を低学年で教えても、高学年で教えても無理なものは無理です。国語教育を廃止するしかないでしょう。それとも日本語を全面禁止しますか。禁止しても効果が出るのには一〇〇年はかかるでしょう。


囲碁の世界では、日本人は韓国・中国・台湾出身者に明らかに劣っているのが現状です。最近の国際試合では日本棋士がベスト四に残ることはほとんどありません。

歴史的に見ましても、呉清源棋聖をはじめ、日本の棋士の中で、少数者であるはずの中国や韓国出身者の活躍は目覚ましいものがあります。

それは、別に日本人が頭が悪いからだと卑下する必要はありません。囲碁の定石や地数の計算は左脳。しかし、プロ棋士の長所である大局感やひらめきは右脳由来とみられます。その右脳の純粋な思索に、日本人は左脳がちょっかいを出し過ぎるのだと考えております。視野という観点で言えば、左脳は視野が狭く、右脳は視野が広いようです。

最近、史上最年少の二〇歳の囲碁名人・井山裕太氏が登場しました。

五歳から囲碁を始め、小学校一年生の時にプロ棋士の石井邦生九段に弟子入りし、小学校二年生で全国大会で優勝しました。定石無視の「右脳的棋風」と言われています。小学校低学年の国語教育以前に囲碁に集中したのが良かったのでしょうか。

二〇一〇年の新年に当り、小沢民主党幹事長と井山名人が記念対局しました。三目置いて引き分け（持碁）という結果でしたから、この忙しいのに、そして政治資金問題でゴタゴタしている時に持碁とはと、皆あきれましたが、驚くことはありません。新年のお祝いで持碁の結果に導くのは、プロの一種のお祝儀になっているのです。感心すべきなのは、最後にちゃんと持碁に誘導したプロの強さでしょう。

創造的な思考活動には右の非言語脳の働きを妨げないことが必要で、日本人の左脳に偏りやすい自動選別スイッチ機構がこれに対してマイナスに作用しているとみられます。

昔から日本人は学問の原理的・創造的な思索が不得意で、その代わり西欧で創造された原理を理解し応用することが得意とされてきたのも、こんなところに原因があるのかも知れません。

読売新聞（二〇〇九年一二月七日夕刊）の「本よみうり堂」に、荻原魚雷氏（フリーライター）の『日本辺境論』（内田樹著）の紹介が掲載されていました。

日本人は先行者に追い付くのは得意だけど、先行者になったとたん「思考停止」する。そして暴走する。

さきの大戦しかり、バブルしかり、先行者になると、ロクなことにならない。

「世は一局の碁なり」という言葉がありますが、この問題は囲碁の問題どころか、国のあり方、国民の幸・不幸、そして国の歴史にも無関係ではないようです。もっと真剣に思索し、理解する必要があります。

二〇〇九年も暮れに近づいた頃、ＮＨＫテレビが司馬遼太郎の『坂の上の雲』を長期に大きく放送するということで、物議をかもしました。

それは、極東の一小国に過ぎなかった幕末の日本が、植民地になるどころか、やがて世界の強国のロシヤを打ち破って列強の仲間入りをしたというこの国の出世物語ですが、その裏には、朝鮮を植民地にし、中国を侵略して、遂に敗戦に至るというマイナスの事実への視点が欠落しているという非難でした。

左脳優位は一途な出世につながるようですが、他方で視野が狭くて、右脳の大局観や弱者への気配りに欠けるようです。日本が敗戦に至ったのは「坂の上の雲」の責任と言うよりも、日本人の欠陥そのものと言うことになりそうです。

こういうことで、角田氏の『右脳と左脳』はいろいろな大きな問題を内蔵しているのですが、あまり広くは認識されておりません。日本語を使用する以上、学力向上ばかりに専念するのではなく、もっと人間性の向上に教育的配慮をしなければ、日本の未来は幸福から離れて行くでしょう。湯川秀樹氏以降、この国の物理学を中心にノーベル賞授賞者が輩出しましたが、それにしては低周波音被害無視のこの国の科学の現在の姿は惨たんたるものと言わなければなりません。

低周波音問題については、一〇年以上前に角田氏の本に接してから、左脳問題が何か関係がありそうだと私は考えておりましたが、なかなか明確な繋がりを見付けることができませんでした。

和歌山市のメリヤス工場隣家の低周波音被害に初めて遭遇してから、三〇年以上も経過して、ようやくその最大の「不思議」に対する納得いく説明に到達することになりました。「低周波音被害者になるということは、機械音・雑音である低周波音を、本来の右脳から左脳（言語脳）で聴取するように変化した」ということです。

聞こえない、あるいは聞き取りにくい音に対し、真面目で勤勉な左脳は聞き取ろう、感じ取ろう、理解しようと努力します。

低周波音被害者が長い潜伏期の後に、いったん聞き始める（感じ始める）とみるみる鋭敏になっていくのは、言語理解のコースと同じなのでしょう。そんなことをしたら幸福になれないのですが、それは「自動選別スイッチ機構」では通用しない話です。

普通は二〇ヘルツ当りが聴取の限界のようですが、低周波音被害者が一〇ヘルツ（最低八ヘルツ？）あたりまで聞き取る人が出てくるのも、その勤勉・努力の成果と考えられます。

低周波音被害が発生するためには、平均的には半年前後もの長期間の低周波音環境の存在（潜伏期）

が必要です。年中無休の工場の操業で、実に三年後に被害が出現した人も経験しております。

また想像ですが、ピークの存在はあたかも釣り針のような役割を果たしているのではないかと考えます。周波数分析上平坦でピークが存在しなければ、右脳→左脳は起こりにくいと思われます。

メリヤス工場の隣家の主婦自身の潜伏期は不明ですが、彼女が低周波音被害者になってから四年間、主人は全く平気でした。工場は二四時間の操業を続けており、奥さんはそれに苦しみ続けているのにです。

そして四年の間隔を置いて「わかったら地獄」となりました。そこに主人の聴力に変化があったわけではありません。脳内で、雑音・機械音の聴取が右脳から左脳に移動した時、「地獄」が出現したのです。つまり、音源も聴力も変わっていないのに、脳内の対応場所の変化で知覚の仕方が激変したのです。まるで別人になったかのような変わり方です。

「左脳で聞き取るから苦しいのだ、右脳で聞き取りなさい」と言われても、「自動選別スイッチ機構」ではどうにもなりません。しかも勤勉な言語脳は一〇ヘルツあたりまで感知するようにまで努力しますから、困ったものです。わかりやすく表現すれば、左脳は「勤勉＝バカ正直」、右脳は「賢明＝ワル賢い」とでもなりますか。

調査したわけではありませんが、低周波音症候群は一部の日本人にのみ発生し、外国にはあまり存在しないようですから、外国から異議はあまりやって来ません。日本の産・官・学は三〇年も安心して無視を続けています。長年の日本人の外国追随の習性は変わっていないのです。

日本人だから悪いはないでしょう。また低周波音被害者になったのはその低周波音環境を作った者の責任であり、被害者の責任ではありません。化学物質過敏症が特別な人だけに発生するとしても、その化学物質の責任であるのと同じです。

想定していたか否かはともかく、すべての責任は、低周波音の長時間発生装置の開発者・設置者・使用者にあることは明らかです。それを、開発者・設置者・使用者側が聴取・感知できないことを良いことに、そして被害者側に個人差が著しいことをよいことにして、グルになって否定し続けているのです。法曹界も正義の味方ではありません。

「オレたちはなんともないぞ。悪いのは聴取、感知する被害者の方だ」というのです。多勢に無勢。被害者は孤立し、逃亡するか、自殺するかしか有効な対策がないのがこの国の現状です。

低周波音源を使用し続けている隣家の一家には低周波音被害はありません。その理由は、もし被害があれば使用しなくなるだけのことだと考えられ勝ちです。

しかし、メリヤス工場のケースを見れば、工場内の人は平気なのに、隣家の方に被害が出るという不思議な原則が、基本ではないかと考えられます。音源の近くに住む使用者側がなんともないのに、隣がガタガタ言うなというあたり前の考え方が、間違っているのです。しかし、それが訂正されることはありません。音源機械のメーカーや設置業者が力強い味方になって、この使用者を支援してくれているのが、現実の姿です。

一〇年ほど後のことでしょうか。低周波音被害者たちの集会を持った時の話です。真夏でしたので、会場には冷房が稼働しておりました。

集会の最中、参加者の一人が、「冷房が苦しい。止めてください」と叫びました。やむを得ず、暑いのに会場の冷房を止めてもらいました。司会をしている私はもちろん、多数の人はなんともないのにです。

会合を熱望していたくせに、冷房音が苦しくていつの間にか会場からいなくなった人も経験しています。冷房の音を右脳で聞いているであろう私を含めて多数派は、まったく平気どころか快適と感じているのに、左脳で聞き取る低周波音被害者は、苦しくて耐えられないのです。

両者の違いは実感覚では無関係と断じて良いほど異なっているのです。オレがなんともないのに、何をウルサク言い立てるのかという受け取り方は、低周波音被害では通用しないのです。両者の感覚には天と地ほどの相違があることを認識する必要があります。低周波音被害者の参加する会合では、会場の低周波音に配慮が必要なのですが、それが開催者には予測できないことが会を開催する上での悩みの種です。冷暖房完備の立派な会場が増えていますが、それに善悪のよりどころはないのです。

このことはこの国の文明のあり方への鋭い警告でもあります。

二〇〇九年一〇月二六日、鳩山由紀夫総理の就任後初の所信表明演説がありました。五二分間は長過ぎる、抽象的過ぎるなどの批判がありましたが、その中に次のような言葉がありました。

政治には弱い立場の人々、少数の人々の視点が尊重されなければならない、そのことだけは、私の友愛政治の原点として、ここに宣言させていただきます。

これは、そっくり低周波音被害のことに当てはまるように思えます。自分の表面的な感覚や利害を捨てて、人間として誠実に事態を把握すべきです。それなくして低周波音被害者に救いはありません。それは医療の出発点、「まず医師の主観を捨てて、患者さんの訴えに真摯に耳を傾ける」に通じるものです。そして、この姿勢を無視して、低周波音被害者を苦情者と呼び捨てる一方で、着々と低周波音源を増やし続けているこの国の現状は、やがていつの日か取り返しのつかない不幸として多くの国民に跳ね返ってくることでしょう。

低周波音被害の出現は近代機械文明に対する明確な警告です。そのことを一部の日本人は真っ先に感知させられていることになっています。

低周波音被害を感知することは、日本人に与えられた不思議な宿命であり、その被害に正直に対応することは、我々日本人の人類史的な使命でありましょう。

しかし、左脳優位の日本人には、そうした右脳の大局感が欠落しているのです。低周波音被害者は現在のところごく少数者に過ぎません。それにあぐらをかき続けていていいものかどうか？

4 大阪府八尾市・綿実油工場──私の次なる経験例

一九七五年暮れ、和歌山市のメリヤス工場の低周波音被害が毎日新聞の第一面トップで大きく報道されるや、早速駆け付けて来られた大阪府八尾市のご夫婦がありました。同市の綿実油工場から六五メートルほど離れた所に住んでおられた方です。この工場も連日二四時間操業でしたが、日曜日は休業です。

奥さんが、頭痛、吐き気、肩こり、耳鳴り、めまい、不眠、体重減少等々をきたすようになりました。耳栓無効、睡眠薬無効、対策なしです。

日曜午前九時に機械が止まるとたちまちスーッと楽になります。しかし、月曜午前九時に操業が再開されるとたちまち苦しみ始めます。まるで工場の操業で遠隔操縦されているようなものでした。

八尾市の測定では、同家の境界での騒音は六八デシベル(A)、振動は基準以下ということでした。早速サイレンサーを付けましたが不十分で、さらに大型サイレンサーを取り付けてやっと五一デシベル(A)まで低下しました。しかし、終日操業であったのに対し、同市の夜間の騒音基準値、四五デシベル(A)を下回ることはありませんでした。

工場側はさらに防音対策を計画し、むき出しの機械に強固な被いをつけるという対策を実施し、その完成を待って自信満々でスイッチを入れました。すると奥さんはたちまち回転するようなめまいと吐き気に襲われ耐え切れずに嘔吐しました。夜寝るとお腹の中がひっくり返るようで、寝汗でボトボトになりました。このまま居ては殺されるということで、早々に築五年の我が家を捨てて転居しました。

この防音対策により騒音は同家の門前で四六－四七デシベル（A）に低下し、規制基準四五デシベル（A）をわずかにオーバーしているだけに過ぎません。騒音と低周波音と、逆の結果を示していま す。振動音源がカバーにより巨大化して、距離減衰が低下したためとみられます。

転居後は急速に体調は改善し、体重も戻りつつありましたから、工場操業が原因であることは明らかですが、騒音では説明されません。そして、これだけ奥さんが苦しんでいるのに、ご主人には音は聞こえても被害症状はありません。そう言えば、工場から同家までの相当の距離の間に何軒か住居があるのに、被害の声が聞こえないのも不思議でした。

自分は苦しくないのに、奥さんを気遣って家の放棄まで決断されたのは、「亭主の鑑」というべきでしょう。となりますと、「亭主の鑑」ではない多くの亭主族ならどうなったことでしょうか。

一九七六年一月に、その転居後の空き家を訪れて測定しました。やはり一六ヘルツにピークがあり、六五デシベルでした。これで被害原因は証明されたと考えましたが、経験不足で測定に自信が

[第２図] 工場の低周波音被害例

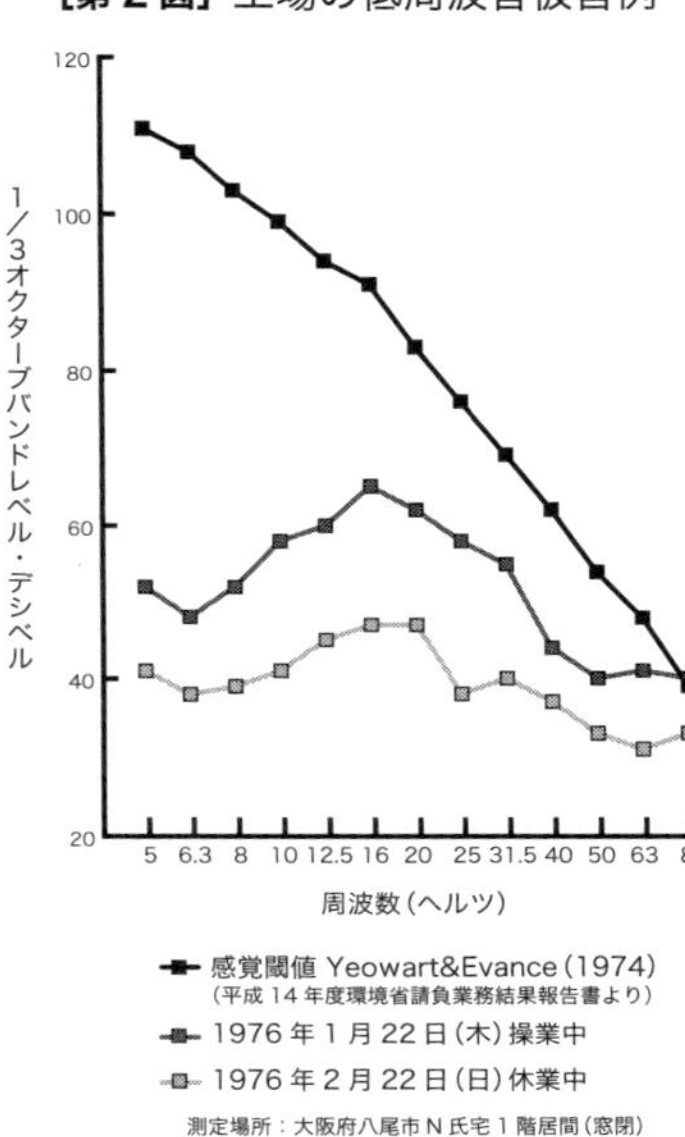

ありませんでしたので、休業中の日曜日に再測定したところ、一六ヘルツ・四六デシベルでピークはありません。その差は約二〇デシベルです。これで被害が証明されたと確信しました。**【第2図】**

その後大阪府が測定して一六ヘルツ・六七－六八デシベルのピークが証明されましたので、測定に自信がなかった新米の私も安心しました。ところが、「このくらいのデシベルでは身体被害は考えられない」と言われたというのです。もちろん日曜出勤での測定なしです。

では奥さんの被害はどう説明されるのでしょうか。医者は何とか診断しようと苦心するのですが、大阪府の測定技師にはそんなことは関心がないようです。当局に持ち込まれた問題をノーとできれば、住民被害はどうでもよいようです。何のための測定かと言いたくなります。

それにしても不思議です。実は私は知りませんでしたが、〈感覚閾値（いきち）〉というものが既に存在していたのです。一般的には、二〇ヘルツ以下は超低周波音領域として聞こえないとされていましたが、デシベルを十分大きくすれば、低い周波数でも音が聞こえるということが知られており、その実験的研究が感覚閾値というわけです。当時既に存在した感覚閾値を**【第2図】**に記入しましたが、ひどい左肩上がりです。周波数が低ければ低いほどデシベルを上げなければ聞こえないというわけです。確かに現場の測定値は、ピークの一六ヘルツを採用しても、感覚閾値より二五デシベルほども低いので、問題にならないことになります。

一九七六年初頭ですから、低周波音症候群（当時は超低周波音公害）はまだ疾患像もはっきりしていない未解明の状況でした。それなのに、感覚閾値という［診断基準］もどきのものが既に存在していたというのですから驚きです。誤診するのも当然です。被害像など無視して「聞こえる・聞こえない」しか念頭にないのです。

「聞こえなければ被害はない」。それで良いのでしょうか？

Aという疾患が新しく発見されたとします。それは昔からあるよく似たBという疾患とどう違うのかがまず追求されるでしょう。そしてAとBとは全く異なる疾患であることが判明し、Aの病像がさらに解明された後に、診断基準が確立していきます。これが医学の常道です。

騒音被害と低周波音被害とは似ても似つかぬものです。両者の判別とそれぞれの診断基準は当然異なるはずです。当然新しい疾患に対しては新しい診断基準が求められてしかるべきです。それが地方行政レベルならともかく、その後三〇年以上この感覚閾値を中心にした診断基準的な取扱いが国のレベルで守り続けられたというのですから驚きです。そこにカネが絡んでいますから、この国は到底まともな国ではありません。

原因から考える理工学系の発想では、この被害現場の測定値は、このニセ診断基準により問題外とされましたが、結果（被害）から考える医学の立場では、この感覚閾値こそが問題にならないニセ物ということになります。落第です。

この矛盾を彼等はどうごまかし続けているのでしょうか。この現実との大きな違いが感覚閾値採用に根源的な無理があることに目をつむり、「気にするからだ、気にしなければよい」と、被害者に責任を転嫁して今日に至っています。つまり［低周波音 ＋ 神経質］の二元論、あるいは「神経質」という条件を加えて、低周波音源の責任を被害者の責任にすり換えているのです。そして［被害者→苦情者］です。

音は聞こえるが被害症状がないご主人に対し、殺されるとまで苦しむ奥さんが「気にするからだ、気にしなければよい」の子供だましの説明で納得できるものでしょうか。

この説明に納得する低周波音被害者はまずありません。専門家とされる人たちの、「気にするからだ」、「気にしなければよいのだ」という説明に絶望して、自殺に導かれた人すら出ています。

私のみるところ被害者は普通の人ばかりです。聞こえるか、聞こえない程度の音で七転八倒するほどの「超神経質」な人はまず見当りません。

「超神経質」な反応は、低周波音に限定されているのです。

被害者が特別神経質な人に限定されるのかどうかは、精神科の医師の診断の領域です。それを専門外のキカイ屋が自分に都合の良いように勝手に診断して、「神経質な人」を条件に加えたわけです。

理工学者たちは、「原因≠結果」であるに関わらず、被害者に責任を転嫁して、「原因＝結果」に装うという詐欺的手法を実施したのです。国はその誤りを指摘して是正すべき立場であるにかかわらず、この誤りを是認し、グルになって企業の活動を支援しています。

我が国で唯一のノーベル医学生理学賞を授賞された利根川進マサチューセッツ工科大学（ＭＩＴ）教授は、二〇〇五年一月四日の毎日新聞でこう指摘されています。

> 日本の国は官僚が運営しているが、その多くは、科学を理解しない文科系人間だ。科学技術なしに語れない二一世紀に、文系出身者による変な行政がはびこっている。ＭＩＴの経済学部や社会科学の学生が生物学を必須科目として習っているように、日本も科学のことがわかる文科系人間を育ててほしいですね。

敢えて言えば、これも右脳・左脳問題と無関係ではなさそうです。

本件は結局企業側がその空き家を買い取りましたので、被害者には大きな損にはならなかったようです。当時は企業が発展の時代であったからまだ良かったのですが、経済状況が厳しくなり、企業がセコクなっている今日では、なかなかこうはならないようです。

［被害者＝丸損］がほとんどのケースです。

しかし、この買い取られた家にその後住んだ人は大丈夫でしょうか。

5 気導音と骨導音

脳は豆腐のように軟らかいと言われます。露出しておればたちまち壊れてしまいます。そこで頭蓋骨という丈夫な壁で保護されております。聴覚の中心である内耳（蝸牛）も壊れやすい精密装置ですから、頭蓋骨の保護の中にあります。

ところが頑丈な頭蓋骨は遮音壁の役割を果たしますから、そのままでは音は内耳に到達できません。そこで頭蓋骨にトンネルを掘り、耳介という集音器で集めた音を外耳、中耳というトンネルを経由して内耳へ導くことになります。こうして成立するのが〈気導音〉です。

ところが、聴覚にはもう一つのルートがあるのです。それはトンネルを通らず、頭蓋骨を通して振動が直接内耳に到達する方法です。それが〈骨導音〉です。

つまり、聴覚が働くのには、気導音と骨導音と二つのルートがあるのです。音痴の私は駄目ですが、録音した自分の声は、自分自身が聞く声と違うという人が結構います。録音した声は気導音ですが、自分自身が聞く声は、その気導音以外に、声帯から振動が直接骨を伝わって内耳に到達する骨導音がプラスされているので、違った声に聞こえるのです。

私の医学生時代(六〇年以上以前)には、耳鼻科では〈音叉〉を診断に利用していました。音叉を振動させて耳の穴に近付けますと聞こえます。気導音です。次に音叉を振動させてその底を耳の近くの骨に当てると、これも聞こえます。骨導音です。

〈難聴を診断する時〉

気導音×　骨導音〇　伝音系難聴(外耳、中耳が悪い)

気導音×　骨導音×　感音系難聴(内耳以後が悪い)

診断機器の未発達の当時でも、簡単明瞭に鑑別診断されましたから、感心して記憶に残っております。

現在耳鼻科で使われている聴力測定器(オージオメーター)は、この音叉の診断法から進歩した機械装置で、防音室でヘッドホンを耳に当てて気導音の検査を、骨導受話器を耳の後ろの骨に当てて骨導音の検査を行います。

［第３図］１／3オクターブバンド周波数分析図

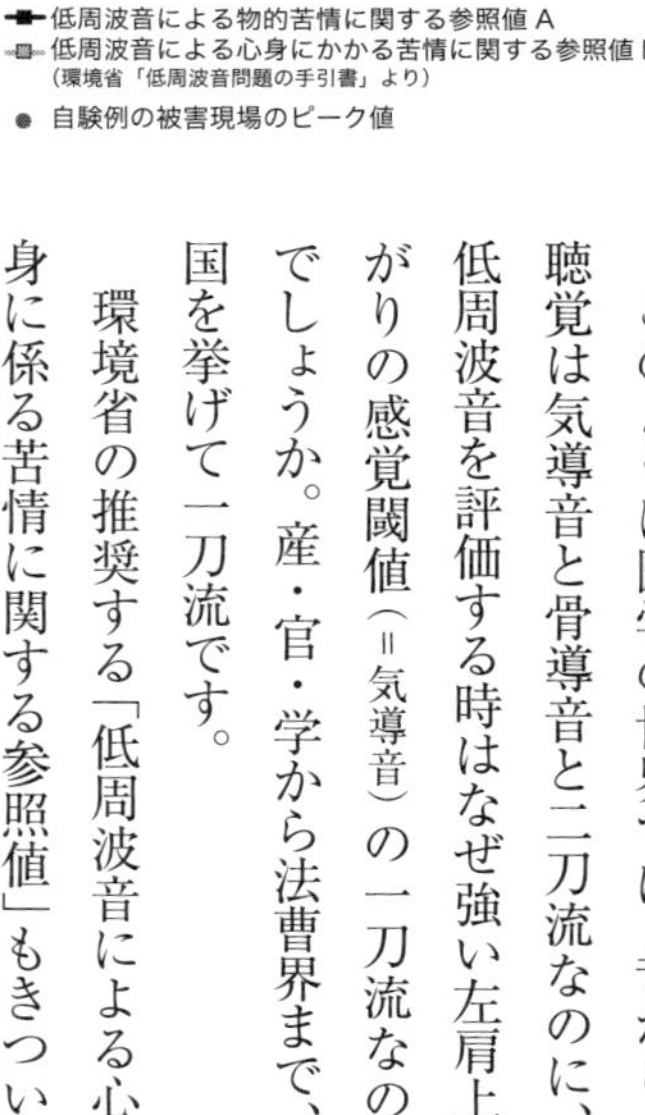

このように医学の世界では、昔から、聴覚は気導音と二刀流なのに、低周波音を評価する時はなぜ強い左肩上がりの感覚閾値（＝気導音）の一刀流なのでしょうか。産・官・学から法曹界まで、国を挙げて一刀流です。

環境省の推奨する「低周波音による心身に係る苦情に関する参照値」もきつい左肩上がりで、感覚閾値とは兄弟関係です。ところが「物的苦情に関する参照値」は一転して緩い左肩下がりです。私が経験した低周波音被害例のピークを記入してみますと、これも緩い左肩下がりです。周波数が低ければデシベルが高くなければ聞こえないという原則がむしろ逆になっています。これは低周波音被害が参照値に言う「心身に係る苦情」のグループではなく、物的苦情＝ガタツキ＝骨導音の系統に属することを教えています。**【第3図】**

もし気導音であれば、低い周波数のピークの場合、参照値に届かないにしても、せめてデシベルが大きい数値であってしかるべきなのに、むしろ小さい数値になっているのです。そして、ほとんどの被害自験例は「心身に係る苦情に関する参照値」に完全落第です。

全二三例中、参照値に達しない被害例一八例（約七八％）
参照値に一致する被害例一例
参照値を超えている被害例四例

特に一六ヘルツ以下では全員落第になっています。

つまり、環境省の推奨する「参照値」はほとんど間違いです。「基準値ではない、目安である」とごまかしても、間違いであることに変わりはありません。

その代わり、低い周波数では潜伏期がより長く、また個人差がひどくて、その環境での被害者がいよいよ少数者なように思われます。

以上のことは低周波音症候群は気導音ではなく骨導音であることを教えているのです。〔参照：『低周波音症候群―「聞こえない騒音」の被害を追う』汐見文隆（アットワークス、二〇〇六年）〕

ところが不思議なことがあります。理工学系の人たちは骨導音など知らないのかと思っていましたら、二〇〇三年末に〈骨伝導携帯電話機〉が発売されました。二〇〇四年六月に、環境省が参照値を提唱するより少し前です。空気振動を固体振動に替え、その振動部分を直接耳の周辺の骨に当てて、骨導音として聞き取る仕組みです。ガード下や繁華街など、騒音がひどくて電話が聞き取りにくい場所では便利です。

まさか、この骨伝導携帯電話機を使ってガード下で電話している人を見て、神経質なヤツだと想像する人はいないでしょう。

その他、骨伝導技術を使った補聴器とか、隣に寝ている奥さんに叱られずに音楽を聴くための、骨伝導の装置を組み込んだ枕も開発されているそうです。

つまり、理工学関係の連中は、ちゃんと骨導音のことは知っているのです。カネ儲けになるとなればその知識を上手に利用します。しかし、気の毒な低周波音被害者に対してはその知識は決して利用致しません。断じて気導音の一刀流を貫いているのです。二刀流で被害を拡大是認しては、損になるだけと見ているのでしょう。

一〇〇％間違いの参照値が、既に五年以上存在して悪用され、気の毒な低周波音被害者は切り捨てられ続けています。国家犯罪です。

既に述べましたように、低周波音症候群は三一・五ヘルツ以下（精々四〇ヘルツ以下）でして、五〇ヘルツ以上は騒音で、低周波音被害をマスクする側に回ります。

それでは二〇〇四年六月に環境省が公表した「低周波音問題対応の手引書」に登場する「低周波音による心身に係る苦情に関する参照値」には、なぜ八〇ヘルツまでが低周波音になっているのでしょうか。五〇ヘルツ、六三ヘルツ、八〇ヘルツを低周波音とした論拠は一切不明です。疑えば、四〇ヘルツ以下ではあまりにも落第が多過ぎて話にならない。そこで合格率を上げるために八〇ヘルツまでにしたのではないか。誰への思いやりでしょうか。

それでも、落第多数はその後の地方行政の被害測定でも明らかです。しかし、改めようとはしません。

さらに考えれば、なぜ一〇〇ヘルツ以上が除外されているのかも説明されておりません。全く科学の体をなしていないのです。理工学とはこんないい加減な学問なのですか?

「参照値は基準ではない。目安だ」と言われても、基準と目安とどう違うのか。低周波音被害をよく知らない地方行政の人たちは、この参照値に頼るしかないのです。喜んで低周波音被害者を切り捨て、問題解決で済ませているのです。

ここまで記述してきて私はある事実に気が付きました。それは、環境省の記述では、「低周波音による心身に係る〈苦情〉に関する参照値」であって、「低周波音による心身に係る〈被害〉に関する参照値」ではないことです。

手元の国語辞典によりますと、

苦情　状況・条件に対しての不平。文句。

被害　害を受けること。

被害とは、客観的にダメージがあることを是認している言葉ですが、苦情とは、本当に被害があるのか、文句をいっているだけなのかは区別していません。文句が出ていても、本当に客観的な被害であるのか、主観的な文句に過ぎないのか、知ったことではないと言うのです。ここでこそ、「基準ではない。目安に過ぎない」が生きてきます。

ほとんどの低周波音被害者が参照値からはるかに下のデシベルで被害を訴えているということは、「被害ではない、苦情に過ぎない」ということにされてしまいます。つまり、原因は「低周波音」ではなく被害を訴える人が「神経質、気にし過ぎる、文句言いだ」ということになります。そこまで言うとそれこそ被害者から文句が出兼ねませんから、「目安」でごまかしているのです。被害者はだまされているのです。

低周波音被害のことなどよく知らない地方行政も同様です。あるいは喜んでだまされているのではないかという印象すらあります。本当に低周波音被害者には救いがないのです。

ここでもう一度、**【第3図】**を見ていただきます。

A（物的苦情）とB（心身に係る苦情）とが、全く縁もゆかりもない曲線であることは明らかです。同じ空気振動でありながら、なぜこうも参照値は異なっているのでしょうか。

Aは五ヘルツ－五〇ヘルツ、Bは一〇ヘルツ－八〇ヘルツです。そして、Aは緩い右肩上がり、Bはひどい右肩下がりです。

それは、Aの対象はモノ、Bの対象は動物の極めて発達した生理的機能（聴覚）です。全く違ったものが対象になっているのですから、同じ空気振動の影響が全然異なった結果になっているのも当然です。

ところが人間について、Bは聴覚でよろしいのですが、Aは家屋、建具、家具その他のガタツキだけでよいのかということが問題です。内耳（蝸牛）、脳、頭蓋骨もモノです。ガタツキの対象です。聴覚の対象だけではありません。

自験例のピーク値がAに類似した緩い右肩上がりになっているのも納得されます。低周波音被害は聴覚関連ではなくモノのガタツキ関連被害であることを教えています。それこそ感覚閾値関連の参照値（B）に連なる気導音ではなく、ガタツキ関連の参照値（A）に連なる骨導音の被害の系統であることを教えています。

これを気導音の中に入れてしまった国の低周波音に関する参照値は、完全な間違いです。早急に撤廃しなければ、低周波音被害者は救われることはありませんが、それに対する国の反応は鈍い限りです。「基準とは言っておらん。目安だ」と逃げの一手です。そして、それを守って、法曹界も低周波音被害者を切り捨て続けております。〔参照：「低周波音被害は誰の犯罪か」汐見文隆（ロシナンテ社『月刊むすぶ』四五八号、二〇〇九年三月）〕

6　低周波音被害——これでもまだ騒音被害と混同するのか

騒音被害は「やかましい」で表現されるでしょう。聴力障害者でないかぎり、その被害像は誰でも知っています。ところが低周波音症候群の被害像は、低周波音被害者以外はほとんどの人は知りません。不定愁訴を中心とするその被害を訴えられても、実感として理解することは、同居している身内の人でも極めて困難です。

ところがその被害の苦しさは、聞こえるか聞こえないかのわずかな音でありながら騒音被害よりはるかに苦しく、そのまま住み続けられないのが実情です。それが皆に理解されないということが、低周波音被害者の悲劇の原点です。

しかし、その訴えを親身になって聞いてあげさえすれば、それが自分が熟知する騒音被害とは別種の被害であることを認識できないはずはありません。

		〈騒音被害〉	〈低周波音被害〉
1	測定器	普通騒音計	低周波音測定器
2	周波数	一般の周波数（二〇－二万ヘルツの合計）	低周波音域（一〇－四〇ヘルツ）
3	聴取	よく聞こえる	あまり聞こえない

4	距離減衰	減衰が顕著	遠くまで届く
5	隔壁	吸収・反射が顕著	貫通・回折が顕著
6	個人差	あまりない	極めて明白
7	被害像	やかましい	苦しい（不定愁訴）
8	被害発生	直ちに発生	長期間の潜伏期後
9	経過	慣れる	どんどん増悪
10	防音対策	有効	かえって悪化
11	耳栓	有効	無効～増悪
12	対策	容易	困難
13	外国人	割合厳格	割合平気？
14	日本人	割合寛大	極めて鋭敏になる

騒音被害と低周波音被害とはピンからキリまで異なっています。これを混同することは許されません。自然科学の世界では、当然判断の基準は異ならなければなりません。

それをどうして気導音である「感覚閾値」や「心身に係る苦情に関する参照値」で統一して評価するのか。これはもはや正常な科学の世界の話ではありません。ヤミ科学です。この国では低周波音被害に関する限り長年ヤミが通用したままなのです。それは原因に対する結果が、ヒトではなくカネになっているということに他なりません。真理よりカネ、正義よりカネ、友愛よりカネなのです。

環境省は、「参照値はあくまで寄せられた苦情が低周波音によるものか判断するための〈目安〉であり、基準ではありません」とごまかしていますが、**【第3図】**をみて目安になると思う人はありますか。

しかも低周波音被害に知識の不十分な地方行政では、独断で判断すれば責任が自分にきますから、基準が欲しいのです。地方行政は「基準扱い」、環境省は「目安に過ぎない」で互いに責任を取ろうとしません。

仮に被害現場で、一六ヘルツに六〇デシベルのピークが測定されたとします。参照値は八三デシベルですから、大差です。地方行政はどう判断すればよいのでしょうか。

実はここに巧妙な逃げ路が隠されています。「G特性の参照値は九二デシベルです。被害現場のG特性の測定値も参照値以下です。ですから低周波音の被害ではありません」。一つなら怪しくても、二つともそうなのだから文句あるか、という論法です。でもインチキはいくら並べ立ててもインチキです。それより速やかに参照値を廃止するのが本筋ですが、それをしないのが官僚亡国たるゆえんです。

環境庁は一九九七年度から三年計画で「低周波音の対策指針策定のための調査」に着手しました。低周波音被害者の増加や訴訟の提起などもありましたが、ＪＲの山陽新幹線の「のぞみ」のトンネル突入時の爆発的な低周波音の発生が問題になったためでした。

その結果、二〇〇〇年一〇月、環境庁から「低周波音の測定方法に関するマニュアル」が発表されました。その当時、一億円の予算と聞いていますが、環境庁は希望する自治体に測定器を貸与して低周波音測定を講習・指導し、実地測定を実施させました。四三地方公共団体の参加協力を得ています。

そして二年後の二〇〇二年六月、環境省環境管理局大気生活環境室から「低周波音全国状況調査結果報告書」としてその結果が発表されました。新しい問題が発生した時、まずその測定方法を正確に定め、次にその測定結果を集約し、最後にそれに基づいて判断をするというのは、科学研究の正道です。お役所にしては珍しくまともな対応のはずでした。

マニュアルを作った藤田八暉室長はとっくに前橋国際大学の教授に転出していました。そしてともかくは調査結果が報告されたわけですが、そこから先が無茶苦茶でした。

まずこの「低周波音全国状況調査結果報告書」に記載された被害現場のG特性

［第４図］生活側における発生源別のG特性音圧レベル

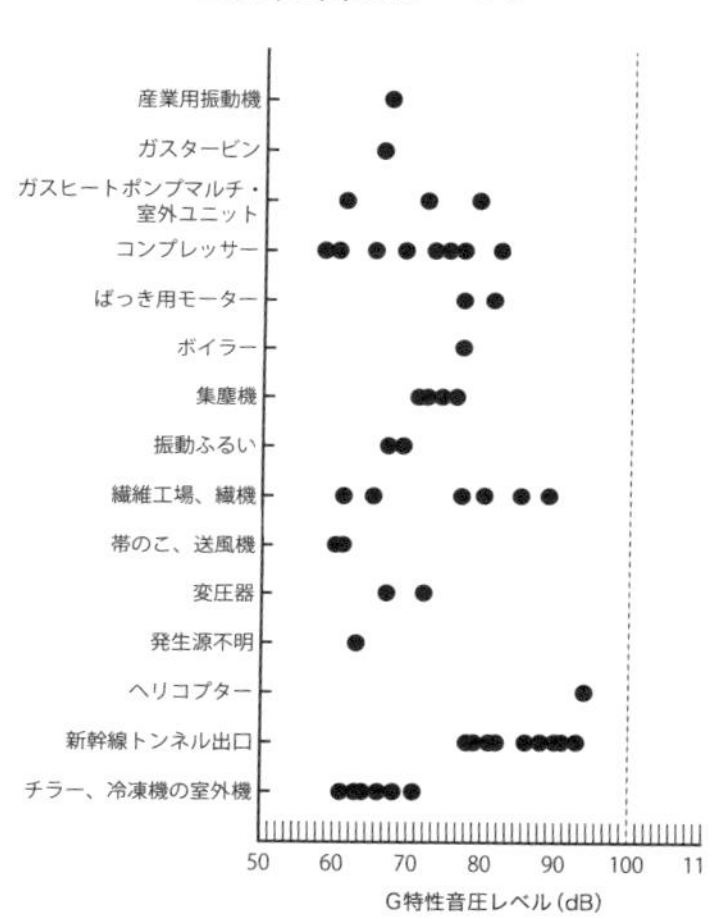

（屋内、心理的苦情あり）
低周波音全国状況調査結果報告書
平成１４年６月 環境省環境管理局大気生活環境室

音圧レベルの測定値を示します。【第4図】

この内、ヘリコプターと新幹線トンネル出口とは通常の低周波音被害現場の連続音とは異なりますから、除外します。すると九〇デシベル以上の測定個所は一例もありません。ほとんどは六〇－八〇デシベル前後です。この成績をどう判断するか？

二年後の二〇〇四年六月、環境省から「低周波音問題対応の手引書」が発表されました。当然この【第4図】を参考にして採用されるものと思っておりましたら、G特性の参照値は〈九二デシベル〉だというのです。どこからこんな数字が出てきたのかと仰天しました。

この数字なら被害者は全滅です。さすがにこれを直接には使いにくいのか、地方行政は補助データとして巧妙に使って、被害を否定するのに援用しているのです。

「現場の周波数分析の測定値は参照値よりはるかに下です。そして、G特性もはるかに下です。問題はありません。文句あるか！」


これでは低周波音被害者は自殺するしか逃げ路はなさそうです。

この国の官僚の権威は自然科学の真理を超越しています。この官僚国家がいかに悪質であるかを、低周波音被害者は長年身をもって体感させられているのです。

G特性というのは、普通の騒音をA特性という単一のデシベル数値で表現するのが便利であることから、超低周波音域も単一のデシベル数値で表せば便利だろうということで出てきたもののようです。やはり気導音の感覚閾値を基準にしているようですが、なぜそんなものが必要なのか全く理解できません。

二〇〇〇年の「低周波音の測定に関するマニュアル」に応じて登場した低周波音測定器「リオン・NA－一八A」にも、G特性の数値が出るように設計されています。単一の数値ですから、これを使えば無精者には便利そうだと錯覚されます。

このNA－一八Aを製作したリオン社の若林友晴氏、富田真一氏は、このように記述しておられます。

〈低周波音とその測定器〉

G特性音圧レベルは超低周波音を対象とする評価量であるため、低周波音全体を評価するためには、一ヘルツ－八〇ヘルツの一／三オクターブバンド分析を同時に行うことが不可欠である。〔参照『環境と測定技術』（二九巻第四号、七六頁、二〇〇二年、社団法人・日本環境測定分析協会）〕

そんなことならNA－一八Aに、最初からG特性の測定機能など入れなければ良かったのです。企業のG特性による測定だけで、「低周波音は問題なし」といわれても、一般の素人の住民はだまされるだけです。それがその後の風力発電機の住民被害にまで、安易に利用されているのです。「便利な悪」は詐欺師のもっとも好むところです。

7 低周波音被害者は聴覚が鈍いのか？

低周波音被害者は、一般の人が聞き取れない、あるいはかすかにしか聞き取れない音でひどい苦痛を訴えます。誰が考えても、聴覚が鋭敏すぎる人たちです。他の人には聞こえないような音が聞こえるため、それを訴えますが、他の人にはほとんど理解されないのです。

低周波音被害者が参加した集会で、快適なはずの会場の冷暖房の音が苦しいと声を挙げる被害者がありましたが、主催者をはじめほとんどの参加者にはまったく理解できません。しかし、被害者はその場にいる事が耐えられないため、黙って出て行く場合もありました。

つまり、私を含めて一般の人には快適なはずの会場の冷暖房が、低周波音被害者には苦しい、耐えられないとなり、稼働を停止するか、弱くするか、あるいは会場を出て行くということになるのです。

そこでその不思議な相違点を証明するためには、その鋭敏さを証明するための実験研究が行われる必要があります。もちろんそれはあくまで被害状況を根拠にしたものでなければなりません。

ところが現実では奇々怪々な実験研究が行われてきただけです。鋭敏なはずの低周波音被害者の存在を否定するために、これまでこの国の科学の歴史では考えられないような異例なことが展開されているのです。

異例とは、①科学の真実（因果律）を否定する。②役人が理由不明で前言をひるがえす。

いずれも、知らん顔をして実行しているから異例なのです。

A　低周波空気振動に敏感な被検者

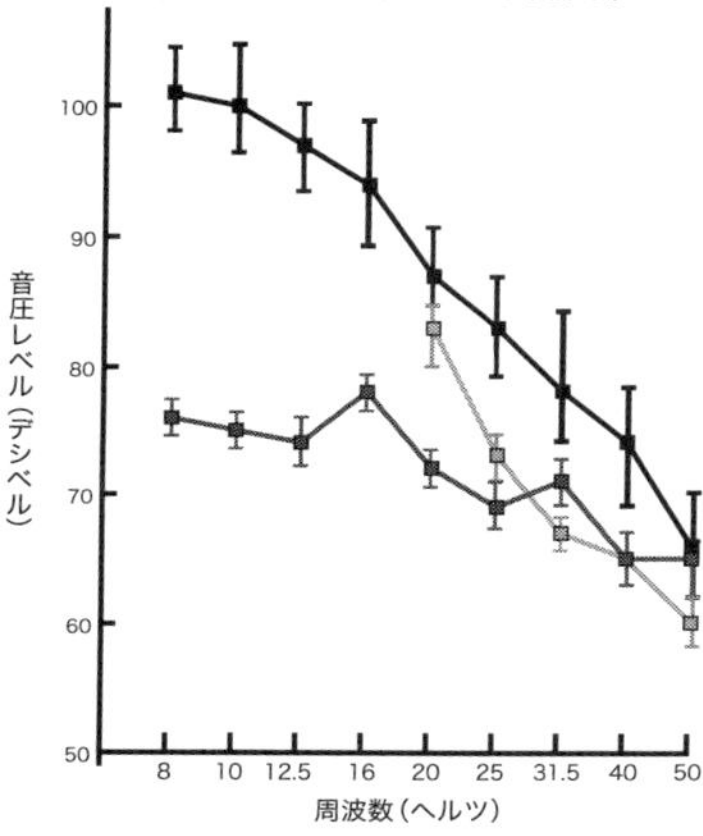

昭和五三年度「環境庁委託業務結果報告書」昭和五三年度低周波空気振動等実態調査
低周波空気振動に敏感な被検者では健常者より、大きいときには二〇％程度も閾値の低い者がみられた。**【第5図】**

一九七五年のＮＨＫテレビの報道「超

低周波音公害」で初登場した低周波音被害は、経験不足もあって騒音なのか振動（地盤振動）なのか、また二〇ヘルツ以下の超低周波音領域なのか、五〇－一〇〇ヘルツの、当時の低周波音領域なのかはっきりしないこともあって、一応ひとくるめにして「低周波空気振動」と呼ぶことにされたようです。

翌一九七六年に環境庁は八年計画で、「低周波空気振動等実態調査」を始めました。当時の官庁では考えられないような敏速さです。

さらに翌一九七七年には、環境庁大気保全局（局長・橋本道夫氏）に「低周波空気振動調査委員会」が設けられました。委員長はＮＨＫテレビで登場された東大工学部西脇名誉教授でした。

ともかくこの時点では、新しく出現した低周波音被害は普通の騒音被害と異なることを認識していたはずです。

お役所にしてはこの敏速さ！　それは当時の国民の反公害機運の昂まりと橋本局長の対応の真剣さでしょう。しかし、現在の姿から見れば、それはこの国の歴史上、まったく例外的事例に過ぎませんでした。

一九七七年暮れ、私は意見陳述を求められてこの委員会に出席して、一〇例ほどの当時の低周波音被害例の経験を報告しました。

委員会に出席する前にお会いした時、橋本局長は「低周波空気振動については現在基準がないが、被害がある以上対応してきました。そしてこの委員会で基準を作成する予定です」と、意気込みを語られました。

当時、公害対策基本法で扱われる「典型七公害」とは、

①大気の汚染

②水質の汚濁

③土壌の汚染

④騒音

⑤振動（正確には地盤振動）

⑥地盤の沈下

⑦悪臭

です。それに第八番目として、「低周波空気振動」を加えるお考えとみました。しかし、私は委員会で低周波空気振動の基準作成に反対の意見を述べました。少ない経験でしたが、私が関わってきた被害者たちはいずれも驚くほど感覚が鋭敏であり、これらの被害者を救済する線まで基準を厳しく設定するなど到底考え及ばなかったからです。

後日、橋本局長からメッセージをいただきました。

「基準はできなかった。しかし、被害があれば対応します」。これで良かったと私は思いました。「基準は被害者にあり」というのが、この国の憲法の基本であると考えていたからです。

日本国憲法第二五条（生存権、国の社会保障的義務）

①すべて国民は、健康で文化的な最低限度の生活を営む権利を有する。

②国は、すべての生活部面について、社会福祉、社会保障及び公衆衛生の向上及び増進に努めなければならない。

日本国憲法第一三条（個人の尊重、生命・自由・幸福追求の権利）

すべて国民は、個人として尊重される。生命、自由及び幸福追求の権利については、公共の福祉に反しない限り、立法その他の国政の上で、最大の尊重を必要とする。

今改めて日本国憲法を読み直してみますと、この国の低周波音被害者への対応の現状は明らかに日本国憲法に違反していると考えられます。

この「低周波空気振動等実態調査」の八年間の調査研究をとりまとめたものが、一九八四年に発表されました。冒頭の「昭和五三年度環境庁委託業務結果報告書」もその中にあったのか、それとも昭和五三年度の成果を得た時点で成功案件として早々に報告されたものなのか、今となっては不明ですが、その中で「低周波空気振動に敏感な被検者では健常者より、大きいときには二〇％程度も閾値の低いものがみられた」と集約されたのは、昭和五三年度（一九七八年）当時の正直な実験結果であったとみられます。

被検者三〇名の内、特に敏感者A（女、五四歳）、敏感者B（男、五六歳）の感覚閾値が、その他の二八名（健常者）の感覚閾値に比べて際だって鋭敏な数値を示しました。二人とも低周波音被害者とみられる年長者ですが、二八名の健常者はほとんどがアルバイト学生が主だったのでしょうか、若い男性が大多数でした。

【第5図】を見ますと、健常者は強い左肩上がりで気導音でしょう。しかし、空気振動に敏感な被検者（特にAさん）は緩い左肩上がりで、骨導音が絡んでいると想像されます。

「敏感な被検者Aさん」は千葉県市川市在住の低周波音被害者とみられる女性です。「あの検査時には慣れない場所で勝手がわからず、不覚を取った。次の機会にはもっと敏感であることを証明してみせる」と意気込んでおられたのを伝え聞きましたが、遂にその願いはかなわなかったようです。

「敏感な被検者Bさん」は岐阜市の男性で、隣のかまぼこ製造店の屋上の冷凍機室外機の低周波音に苦しみ、その訴えで当時の数少ない専門家の一人が測定に来てくれました。確かに低周波音は測定されましたがこれくらいの音なら「気にしなければよい」と判断されました。

当時右脳受容者であろうその専門家は、左脳受容者の特別な鋭敏さを知らなかったようです。自分の感覚で判断して、これ位の音なら「気にしなければよい」と判断したようです。

しかし、Bさんは断じて納得しません。今度は和歌山市の私の所まで訴えてきたのです。そこで、現地を訪れて低周波音を測定し、ついでに長良川の鵜飼いを見物して帰りました。

その時測定されたピークは三一・五ヘルツでしたが、**【第5図】**では不確実ですがその辺が鋭敏ではないかという印象があります。

「昭和五三年度低周波空気振動等実態調査」には、「低周波空気振動を、どこで感じているのか、なぜ両者に差があるのか、さらに検討が必要である」と書かれていますが、それはどうなりましたか？

そもそもこの実態調査は、八年計画（一九七六年－一九八三年）の比較的初期の調査・研究の報告です。

ところがこの八年間に、この国は大きく変革していったのです。

この一九七八年に始まったのが「第二次石油ショック」です。

その五年前の一九七三年末の「第一次石油ショック」では、それまで一〇％前後を誇った経済成長率は一瞬マイナス成長となり、田中角栄首相の「日本列島改造論」は崩壊し、狂乱物価の中で国民は洗剤やトイレットペーパーの買い貯めに走りました。

この経験に懲りて「第二次石油ショック」では割合うまく立ち回り、経済成長率もそれほど低下しなくて済みました。「第一次石油ショック」の学習効果があって、「日本はうまくやった」と誉められたのですが、その裏にあったものは悪名高い「経済調和条項」の秘密裏の復活、公害対策を経済発展の妨げと敵視する経済至上主義の密かな再登場ではなかったかとみられるのです。

一九八四年一二月、「環境庁大気保全局」がこの八年間の実態調査を報告書にまとめました。

ところが、そこに、【第5図】「低周波空気振動に敏感な被検者では健常者より、大きいときには二〇％程度も閾値の低い者がみられた」は行方不明です。

それに代わって、この昭和五九年一二月の「報告書」のまとめには、

低周波空気振動調査報告書――低周波空気振動の実態と影響

一般環境中に存在するレベルの低周波空気振動では人体に及ぼす影響を証明しうるデータはえられなかった。

とあります。被害者が鋭敏とする昭和五三年度の報告書は、発表を早まったとして、素知らぬ振りをして没にしていたのです。

八ッ場ダム問題などを見ても、開始以来数十年、ダムの意義が不明確になっても、役人は建設推進を諦めようとはしません。ところが低周波音被害では、こんなに簡単に消滅させていたのです。不思議です。

こうして低周波音被害はあえなくも行方不明にされてしまいました。

B　低周波音苦情者は感度が悪い！

「低周波音問題対応の手引書」――二〇〇四年六月
環境省環境管理局大気生活環境室（上河原献二室長）

これは二〇年振りに、悪名高い「参照値」を手引きした発表です。

低周波空気振動という言葉は一九八四年の「低周波空気振動調査委員会」の終結と共に使用されなくなり、超低周波音を含めて「低周波音」という言葉が使われるようになったようです。

また、低周波音被害者は、「低周波空気振動に敏感な被検者」から、「苦情者」におとしめられています。その手引書の中の「評価指針の解説」によりますと、

苦情者は感度がいいと言われることがある。このことを確認するために、平成一五年度に苦情者と一般成人を被検者として最小感覚閾値の実験を行った。苦情者についての実験結果からは「苦情者は感度がいい」という結果は得られなかった。

むしろ、データ収集の協力が得られた苦情者は高齢者が多かったためか、最小感覚閾値の平均値は一般成人と比較して高い値（感度が悪い状態）であった。

根拠になった、独立行政法人産業技術総合研究所・低周波音実験室の「低周波音に係る聴感特性実験」は、一般成人二〇人、苦情者九人に対して、二〇〇三年一〇月二四日－一二月八日にかけて実施されました。

発表されたその概要は、**【第6図】**の通りです。

この図はひどい左肩上がりです。気導音とみられますが、苦情者も右へ習えで、**【第5図】**の「低周波空気振動に敏感な被検者」が示した、骨導音が絡んでいるとみられるもっと平坦な図は存在しないのです。

いったいこの聴感特性実験は何の目的で行われたのでしょうか?

【第6図】低周波音にかかる聴感特性実験

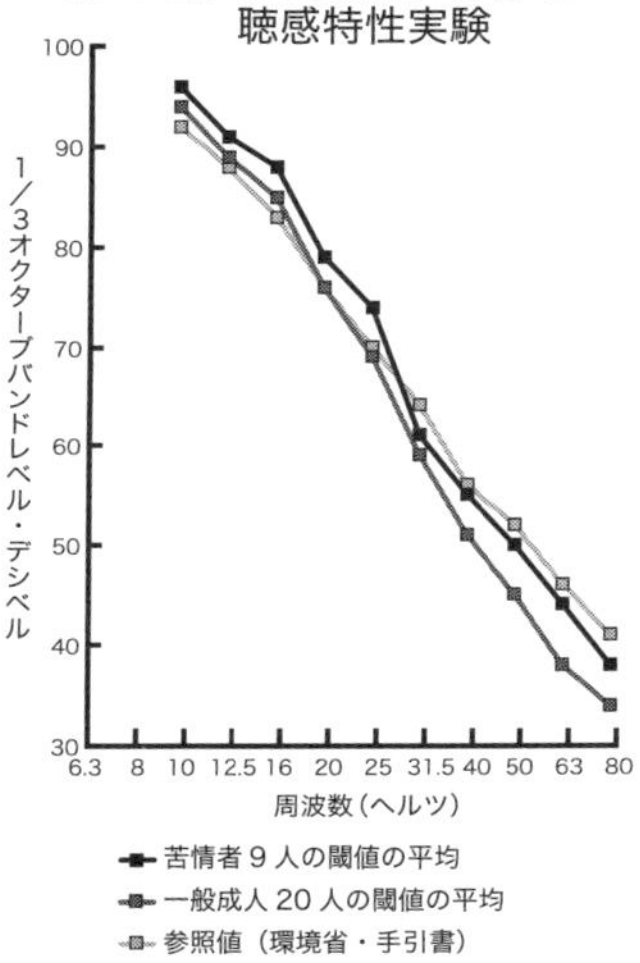

※苦情者についての実験結果からは「苦情者は感度がいい」という結果は得られなかった。むしろ、データ収集の協力が得られた苦情者は高齢者が多かったためか、最小感覚閾値の平均値は一般成人と比較して高い値（感度が悪い状態）であった。

独立行政法人産業技術総合研究所 低周波音実験室（平成 15 年 10 月 24 日～12 月 8 日）

合計二九人の被検者、約一ヵ月半の実験。相当税金も使われたことでしょうし、手間も大変だったろうと推察します。

せっかく九名もの低周波音被害者が参加し、その比較対象として二〇人もの一般成人を動員して、いったい何を研究しようとしたのでしょうか。ただ最小感覚閾値を知るだけですか。多くの人がまったく平気なのに、低周波音被害者がほとんど聞こえない音を聞き取ってあれだけ苦しむのはなぜか？　それを探求する意図はないのですか？

これは不思議だ。なぜだろう――それを解明しようという気持ちがどうしてないのでしょう？科学者とは、実験を通じてそうした謎を追求し、工夫し、努力を重ねる。それによって初めて成功の喜びを得るのです。そんなことはどうでもよい。あてがわれたことをやるだけでは、科学者の風上に置けません。謎を解く絶好の機会とは思わないのでしょうか。

低周波音被害者は自分の苦しみの解明を求めて、やってきたのです。自分の低周波音に対する聴覚の特異性を理解してもらえるチャンスが与えられたと、張り切ってきたことに間違いありません。それが「一般成人より感度が悪い状態」では、さぞかし落胆したことでしょう。

実は、この実験に参加した低周波音被害者のある主婦から、この実験についてのお手紙をいただきました。「苦情者は感度がいい」という結果を出せなかった張本人であったわけです。

そのお手紙の内容は本当に奇怪なものでした。

---

①実験に用いられた低周波音は、自分が日頃被害を受けている低周波音とは音の質が違う。

この意外な言葉は、被害音は実験に使われた気導音ではなく、骨導音であることを示唆していると考えられます。

②実験室では、実験の始まる前から、外のモーター音を聞き取りました。実験に参加した被害者の中には、モーター音が聞こえるという人が何人もいました。
実験の実施者にモーター音が聞こえると言ったら、そんなはずはないと言われたのですが、事実聞こえていたのです。

一般の人（右脳受容者）が聞こえない音を、被害者（左脳受容者）が聞き取るということは、低周波音被害の基本命題であり、不思議です。一般の人である実験の実施者が、被害者から自分の聞こえない音が聞こえると訴えられれば、これは低周波音被害問題解明の大きな糸口と考えて当然です。ところがそうは考えないのです。苦心して、大金を投じて作った「無響室」にケチを付けられたとでも思ったのでしょうか。それとも「神経質説」を思い出して、実験対象の低周波音被害者を軽蔑しているのでしょうか。科学者の資格はありませんね。

無響室とは「残響のほとんどない特別な実験室」だという定義のようですが、複数の被害者が「モーター音が聞こえる」と言っているのは、この実験室は「低周波音被害者にとって無響室ではない」と言っていることになります。そのことを解明するためには、無響室の内外の低周波音を測定すれば良いだけですから、彼等にとってはほんのわずかな労力で可能なことです。そしてもしこれが低周波音被害者の鋭敏さの解明に役立ったりすれば、それに越したことはありません。

しかし、患者さんの訴え（問診）を無視する医者と同じく、被検者の言葉を無視する研究者は落第というほかありません。そんな落第生の実験を採用するお役所も情けないかぎりです。

二〇〇八年七月一五日夜のテレビ朝日・報道ステーションで、風力発電の住民被害についての報道がありました。初めてそこで、風力発電の住民被害は騒音被害だけでなく、低周波音も関係していることが報道されました。ともかく久しぶりの低周波音のテレビ登場ですから、テレビ朝日は低周波音被害の紹介が必要と考えられたようです。

そこでテレビの画面では、環境省・志々目友博室長が登場して発言。

「参照値を下回っているから大丈夫とは言えません」

二〇〇四年の上河原献二室長から代も変わり、考えも変わってきたみたいですが、まだ「参照値廃止」の決断までには至らないようです。

低周波音被害者は切り捨てのまま。しかし、参照値は温存です。

さらに番組の中で、山口豊アナウンサーが茨城県つくば市の産業技術総合研究所を訪れ、その低周波音実験室（無響室）で実体験をしています。

被曝は一〇ヘルツ、八二デシベル、時間はたぶん一五分らしいのです。参照値は一〇ヘルツ、九二デシベルですから、それより一〇デシベル小さく、エネルギーなら一〇分の一です。

山口アナウンサーは、おそらく低周波音被害者ではないでしょうから、何も感じなかったかと思いきや、音は聞こえませんが、「ヴォーンと唸っている感じ。耳がおかしくなった感じ」だというのです。

「その一〇倍のエネルギーまでなら長時間でも大丈夫」というのが、導入された参照値の趣旨だと思うのですが、ウソに決まっております。画面に対しては質問できませんが、「いったいどれだけ時間なら辛抱できそうですか」と尋ねたい気持ちです。

低周波音被害者は長期間の潜伏期の後に発症します。平均的には半年位が多いようですが、三年という人もあります。それだけの長期間低周波音環境の中で平気であった人が、ヒョイと被害者に一転するのです。誰が考えても、参照値は見当違いであることは明らかです。

何でこんな理屈に合わないものが大きな顔をしてこの国ではのさばっているのでしょうか。平成の七不思議のトップでしょう。

さらにテレビの画面では、研究所の佐藤洋博士が続きます。

「健康被害のことはまだわかっていませんので、低周波音がどんな風に人体に被害を起こすかはこれからの問題」

まるで人ごとのような発言です。産業技術研究所はいったい長年何をしていたのでしょうか。税金を使って、低周波音被害に苦しむ国民をいかにうまく見捨てるかが仕事なのでしょうか。

お役所もこれを税金の無駄遣いとは思ってもいないようです。

では低周波音被害者は、この国でどういう扱いになるのでしょうか。聴覚の感度が対象と大差がない。むしろ感度が悪いくらいだとなれば、ろくに感じてもいないのに騒ぐということは、精神病者によく見られる幻覚（幻聴）があるのではないかと疑われます。しかし、どう見ても精神障害者とは考えられませんので、神経質、気にしすぎということにするようですが、それも余りに突飛です。しかし、それで強引に押し通すしかないという状況を、無理やり続けているのです。

もちろん、低周波音被害者はそれに納得するはずはありませんから、絶望しようと、自殺しようと、冷酷に扱い続けているのです。被害者とは言わない。苦情者だとして。

8 低周波音被害のその後の姿とエコキュート

三五年間にわたる低周波音症候群との関わりを振り返ってみますと、問題の出発点として、まったく別問題である騒音被害と低周波音被害とを区別すらできない原因論者の情けない観察・思考能力が浮上します。それは、［6 低周波音被害――これでもまだ騒音被害と混同するのか］で論じた通りです。その根本的な誤りが三五年間もこの国で通用し、反省の色さえありません。その方がカネ儲けに都合が良いからでしょう。

そして最後に残る低周波音症候群の不思議として、私を含めて一般の人には全然理解できないのに、なぜ低周波音被害者だけは、こんな聞こえるか聞こえない程度の音で死ぬほど苦しむのかという不思議さです。これについては、[3　聴覚と左脳（言語脳）]と、[5　気導音と骨導音]とで論じました。

これで低周波音症候群の二大命題は、「骨導音」に始まり、「左脳受容説」で終わります。この二大命題は問題の出発点から変わりなく続いています。だからこそ、最初の経験である和歌山市のメリヤス工場隣家の被害と、次なる経験である大阪府八尾市の工場被害とを論ずることにより、終点まで到達した次第でした。この国ではその間に問題解決への表面的な進歩の姿はありません。あるのは退歩したままの姿だけです。

当時の工場の被害は、音源の機械が一定しているだけでなく、工場の操業時間が定められているため、音源の稼働状況も大きな変動なく把握できたわけです。というよりも、操業中であれば、イコール音源稼働と考えて良かったわけです。これは被害を把握するのに好都合でした。

そこには、使用機械の単純さと当時の景気上昇期の企業の真面目さ、正直さがありました。ところが一九八〇年代以後になると、この国ではカネ儲けに血眼になる企業の汚さが目立ってきました。操業にからむ苦情に対して、それを何とかごまかして営業を続けようとする姿勢の企業が多くなりました。というよりもそういう企業ばかりになってきたような感じがあります。モラルの衰退がこの国を覆っていったのです。

行政が測定をする時、両方に事前通知するのが公平と思っているようです。秘密測定の観念は希薄です。すると予定されたその測定当日に、朝から操業をしておりません。それを測定されると、

「なんともない！」となります。「あの日は操業していなかった。操業している時に再測定してください」と弁護士を通じてお願いしても、「もう測定はした。再度の測定はしない」と拒絶された昔の秋田県の例すらありました。

その後に家庭用機器による低周波音被害が増えてきましたが、これだと稼働しているのかいないのか、よくわからない場合が多いのです。

今日は珍しく楽だった。どうもその日は隣の一家が留守だったようだと思ったら、「留守などしていない」と否定です。人間が悪くなるのに比例して低周波音被害がひどくなってきているのがこの国の姿です。

「オール電化」の呼び声と共に、省エネルギーの次世代給湯システムとしてエコキュートが普及してきました。エコキュートはヒートポンプの原理を利用して、冷媒（二酸化炭素）を圧縮して高温を発生させる装置です。その発生した熱を水に伝えてお湯を沸かし、「貯湯タンク」に貯めて置き、風呂や台所、暖房に使用します。「省エネ性」と「環境への負荷の軽減」が歓迎されています。

二〇〇七年二月一八日の朝日新聞によりますと、

電気でお湯を沸かすのは効率が悪い。そんな常識を、空気のもつ熱で温める「ヒートポンプ方式」を使った「エコキュート」が覆した。（中略）

家庭の購入費用を国が補助する制度が普及の後押しをしている。昨年末にあった補助金募集では予定の二万台分に対し、初日だけで二倍を超える応募があった。

気体を圧縮する電気ポンプなどに割安な深夜電力を使い、お湯をつくってためておく方式なので、給湯費を減らせるのが人気の理由。


とあります。良いことずくめの新方式ということです。しかし、作ったお湯は冷めないうちに使用するのが省エネの基本だと思うのですが。

さらにメーカーのパンフレットでは、

①三〇％の省エネルギー
②さらなる静音設計により運転音は約三八デシベル
③閑静な住宅街でも深夜電力を利用できる
④スリムなサイズなので、狭いスペースにも設置可能

とあります。騒音ならそれでよいでしょうが、深夜の低周波音ならそんな密接した住居の挟間に詰め込んで大丈夫？

ところが、早くも二〇〇八年一二月二六日の朝日新聞には、次のように報道されています。

「省エネ・低コスト売りの電気給湯器　エコキュート本当にエコ？」
適切に設定しなければ、十分な省エネ効果が得られないことが検査機関の分析でわかった。一〇〇万円を超える商品もあり、トラブルも増えている。

すでに東京新聞（二〇〇六年一月二五日朝刊）の「ミラー」欄にも、「環境に優しいというけれどオール電化機械は悩みの種」という記事（投書？）が掲載されています。

エコキュートという機械が宣伝されている。これは深夜の割引電気料金を利用してお湯をわかす給湯機のことである。メーカーは、音も静かなうえ、経費も割安で、環境にやさしい機械だと勧めている。

東京都東大和市に住む男性の家の南側に家が新築され、その家の北側にエコキュートが二台設置されました。

我が家は静かな住宅街の中にある。二台のエコキュートが深夜一時ごろから明け方六時三〇分ごろまで作動している。

エコキュートは音が静かだというが、それは工場内のテストのことであって、シーンと静まり返った住宅街でのことではない。

二台のエコキュートが作動を始めると、モーターの音がわが家に向かって響いてくる。それは、いろいろな物音のする昼間と違って、シーンとした深夜では、かなりの音になる。

このため、私は眠りの浅くなる明け方五時ごろになると目が覚めてしまう。安眠を妨害されてストレスがたまってきたのか頭痛・胃痛に悩まされている。（後略）

「音が響いてくる」、そして、不眠、頭痛、胃痛。これは低周波音被害ではないのか。騒音測定だけでＯＫでよろしいのでしょうか。

「静音設計」とは、騒音のエネルギー自身を小さくしたのではなく、周波数を低くして騒音レベルを下げただけのことではないでしょうか。それで騒音基準をクリアしたと称しているのです。

エコキュートによる低周波音被害は全国に多発しております。発生率は低いのかも知れませんが、なにぶんこの良いことずくめの宣伝と、安価な深夜電力の利用に、国からの購入費用補助もあって、大変な普及のようです。それはつまり低周波音被害者の激増に直結しています。

エコキュートの被害を証明するための低周波音の測定は容易ではありませんでした。苦心の測定の結果、一二・五ヘルツのピークの証明に成功しているケースもありますが、うまくいかないケースが多いのです。ピークも小さく、その時間も長くありません。低周波音のピークを測定されないように工夫・研究しているのではないかという疑いは拭えません。

なぜきっちり測定もできないような低周波音で、こんなに被害者が出るのでしょうか。販売台数が多いからだけでしょうか。

①静かな住宅地に推奨されている。

②安価な深夜電力使用が宣伝の中心的基本文句になっている。それは、低周波音に鋭敏な副交感神経緊張時を狙っている。

しかし、それだけでは理由がうまく説明できません。

そこで、左脳受容の基本に戻って考え直してみました。日本人の特殊性として、母音、情緒音、自然音は言語脳（左脳）優位です。

二〇〇九年一二月、窪田泰氏（東京都国立市在住の低周波音被害者・低周波音症候群被害者の会代表）が稼働するエコキュートの機械のそばで測定したところでは、一〇ヘルツと一二・五ヘルツとにピークがありますが、不安定なだけでなく、「沸き増し」のオンのボタンを押しても、また、オフのボタンを押しても素直に応じようとしない不思議な稼働で、インバーターを使用しているためだろうということでした。

【第1図】【第2図】の工場では、稼働音は同じ周波数の連続音で、機械音の典型でした。したがって、右脳専門、容易には左脳に移動しないことが納得されます。メリヤス工場の夫婦の四年の時差、八尾市の工場の被害が妻だけで夫は平気という個人差は、それを物語ります。

それに対し、エコキュートの不安定な稼働の仕方は、自然音と錯覚させて、左脳への誘導のきっかけを与えているのではないかというのが、エコキュートによる被害発生に対する苦しい私の思索です。

二〇〇九年一一月五日午後に、衆議院第二議員会館・第二会議室で「おとしんアップキープ」の集いがありました。「おとしん」とは音と振動の意味のようです。協力は特定非営利活動法人・日本消費者連盟です。そして、阿部知子社民党政審会長のご挨拶もありました。

低周波音被害がこうして政治の表面に出てくるのは、おそらく初めてのことではないかと思われます。

その資料（被害解決事例・被害事例）一〇例のうち、少なくも六例はエコキュートで、ほとんどが解決されていません。

＊エコキュートの被害にあって　小島捷利・和恵（横須賀市）
＊ある日突然エコキュートが設置され、ある日突然エコキュートが撤去された　飯野良枝（東京都）
＊エコキュート被害　M子（茨城県・A市）
＊聞こえない音が人間の健康を奪う　M・Y（神奈川県）
＊裏の家の低周波音と騒音に苦しんでいます　母・娘（東京都）

＊救われる道はあるのか　上原史子（神奈川県）

こうして低周波音被害の犯人として、ここに来てやっとエコキュートが政治の舞台に登場したのですが、エコキュートのメーカーの測定値は騒音の測定値（A特性）だけで、低周波音測定データに私はまだお目にかかったことはありません。メーカーの最近の犯罪隠匿（？）への努力は、果たして功を奏しているのでしょうか。

こんなデタラメなことは、医療の場での薬剤の「副作用」問題では考えられないことですが、この国の大企業のモラルはいったいどうなっているのでしょうか？　リコールの観念は通用しないのですか？

二〇〇二年頃のことです。〈家庭用電気冷蔵庫〉について、各社一斉に、［静音設計］が宣伝されました。

ある家電メーカーのパンフレットです。

［静音設計］とっても静かな二〇デシベル。

真夜中でも冷蔵庫の音が気になりません。

低ヘルツ運転（二五ヘルツ）のできるインバーターコンプレッサーで運転音二〇デシベルを実

現しました。

四年前の商品二五デシベル→新商品二〇デシベル

ここにあるデシベルは、すべて騒音レベル（A特性）のことです。

二五ヘルツと周波数まで出てくるのに、A特性という騒音の補正した合計値しか示さないのです。

二五ヘルツに対しては、A特性では約四六デシベルほども小さく評価されているのです。

その他の各社の静音宣伝も、なにも数値を示さないか、せいぜいデシベル（A）が記載されているだけで、補正しない低周波音域の周波数分析数値を示したパンフレットは見当りません。低周波音の徹底無視は、メーカーの基本戦略です。

［第７図］1/3 オクターブバンド周波数分析図

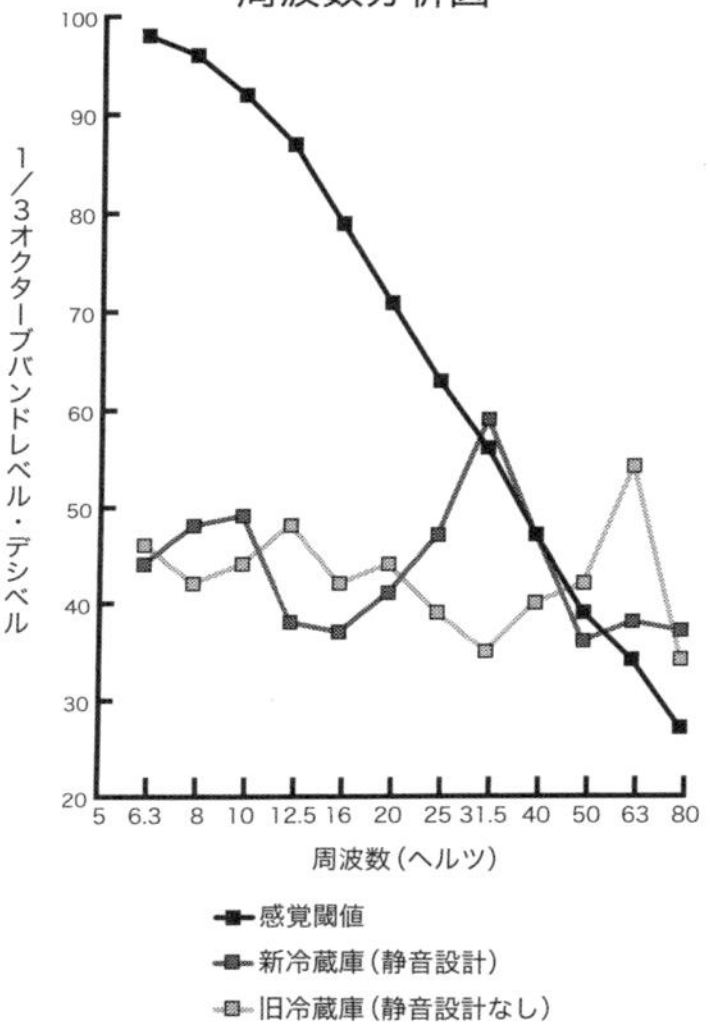

1／3オクターブバンドレベル・デシベル

周波数（ヘルツ）

感覚閾値

新冷蔵庫（静音設計）

旧冷蔵庫（静音設計なし）

家庭用電気冷蔵庫—西日本（和歌山市）での測定（2001 年春）

そこで、和歌山市内でこの新冷蔵庫の低周波音測定をしてみました。旧冷蔵庫とは我が家のボロ冷蔵庫です。**【第7図】**

東日本の電力の交流が五〇ヘルツなのに対し、西日本は六〇ヘルツですから、周波数が違ってきますが、ピークは、

旧冷蔵庫　六三ヘルツ　五四デシベル

新冷蔵庫　三一・五ヘルツ　五九デシベル

違いは明白です。しかも、新冷蔵庫になって稼働時間が長いようだということでしたから、「今に低周波音被害者が出るぞ」と考えました。特にワンルーム・マンションでこの冷蔵庫と同棲すれば当然被害が出ると期待したのですが、一向にそうはなってくれません。低周波音被害者が出るには、個々の稼働時間が短か過ぎるようです。

これに味を占めたのかどうか？「周波数を低くして騒音レベルを下げれば、音が静かになって消費者が喜ぶ」という考え方がメーカーの間にはびこり、エコキュート、そして深夜電力使用可能と進展したのではないかと想像しております。しかし、この作戦は低周波音症候群の方たちに対する犯罪です。それは、低周波音被害者参加の集会での、冷暖房装置に対する彼等の苦悩と同じです。

日頃各種の音響に苦しんでいた東京都のある低周波音被害者が、この低音宣伝に釣られて、低騒音家庭用電気冷蔵庫を購入しました。彼女は左脳受容者ですから、二五ヘルツはまさにピッタリの被害周波数です。すぐに購入先に文句を言い、業者が修理に来たというのですが、改善されるはずはありません。やむなくこの新冷蔵庫は玄関に置くことにしたということです。不便でしょうが仕方がありません。

つまり、周波数を下げると、右脳受容者には静かだと喜ばれますが、左脳受容者には耐えられないことになる恐れがあります。その相違は決定的です。しかし、左脳受容者は少数者。売り上げには影響ないとみて無視しているのです。

　こうして騒音の陰（マスキング）に隠れて、低周波音も増えております。しかし、この社会に騒音が増えていくに連れ、低周波音が増えてもマスクされて被害が表面化しないのです。

　しかし、それは多数派の右脳受容者の話です。少数派の左脳受容者にとって、この社会はどんどん苦しい環境へと進行しつつあります。

　低周波音被害者が、我が家の低周波音環境に耐えられず、それを改善する方途を奪われて、長年の住家から逃亡することになったとします。その時逃亡先をみつけるのに苦労するようです。大丈夫と思って住んでみるとダメだったという例があまりに多いのです。しかも今後ますます増えていくことでしょう。低周波音被害者にとってはさらなる苦難です。

　お母さん思いの娘さんが、新しい住まいをやっと用意しましたが、転居したお母さんが、ここには住めないとなりました。お母さんは左脳受容者ですが、右脳受容者の娘さんにはそれが理解できなかったのです。

　こんどは逆に、娘さんが左脳受容者、やっと移転先を見付けて転居しようとなりましたら、お母さんが、「自分は行かない」と言い出した話も聞いております。お母さんは娘さんの訴えに理解を示してくれていましたが、実際は右脳受容者だったわけです。

千葉県の浦安市の住民の話です。すぐ接して、通行量の多い東京都の国道がありました。長年そこからの騒音・振動に悩んでおりましたが、とうとう家を立て替えることになりました。大手の住宅業者ですが、やかましい土地の住居は、七〇デシベルから三五デシベルに下げることを目標にしているということでした。確かに三五デシベル以下は睡眠が妨げられないということになっています。

新築された家に住んでみて、静かなことに喜んでいました。ところが半年後、低周波音症候群になってしまいました。安眠どころか、苦しくて住んでいられません。音源は国道ですから、どうしようもありません。転居を考える他ないのです。

家屋の防音の強化の結果、騒音は著明に低下しましたが、低周波音はそれほど低下してくれません。その結果、騒音のマスキング作用ばかりが低下して、相対的に低周波音のきつい環境となり、半年で低周波音症候群（左脳受容者）となってしまったのでした。

東京都板橋区在住の女性の話です。父親が音楽関係者で、騒音にうるさかったのでしょう。ある時我が家を改造することになり、念願の低騒音住宅を達成しました。窓は三重ガラスということですから、徹底しています。そこに住むようになって暫くして、娘さんは低周波音被害者になりました。周辺に明白な低周波音源がないのにです。

和歌山市のメリヤス工場や大阪府八尾市の工場の例の当時は、音源は限定されており、被害現場から音源を想定するのは容易でした。

しかし、それから三〇年以上経過し、低周波音源は工場、スーパーから、あらゆる企業・店舗から各家庭へと、広汎に普及していきました。

その結果、仮に被害現場の低周波音のピークの測定に成功しても、相手の音源の特定が困難になってきました。また幸い原因の音源を特定できても、過敏症化した被害者は他の音源の周波数にも被害を受けるようになっており、真犯人をストップできたとしても症状を免れることには成功できません。つまり、測定によって犯人を見つけ、それから解放されるという解決の基本の実現が困難になってしまいました。

そこへエコキュートのような測定の困難な音源が登場してきますと、対策はお手上げという事態が増えております。なにも悪くない被害者が、対策は逃げるしかないという事態にどんどん追い込まれつつあります。この社会から正義はどんどん失われつつあるのです。住民の安全・幸福の追求はどこかへ行ってしまいました。

最近建築する大きなマンションで、オール・エコキュートにするという話を聞きましたが、いったいどういうことになるのだろうか、そこから新展開が開かれないだろうかと、楽しみにして待っております。仮に低周波音症候群の限界(八ヘルツ)未満の空気振動になったとして、内耳が直接関与できなくても、それはそれで脳に到達して影響しないことはないであろうことは、第二章・風力発電公害で論じることにします。

地球温暖化防止の見地から、家屋の断熱機能の増強が勧められております。防温＝防音です。隔壁の強化は騒音も低下させます。それは好ましいことですが、相対的に低周波音の影響が増強されます。

こんなにも騒音、その陰に隠れて低周波音を増加させておいて、ノー天気にも防温・防音で大丈夫でしょうか。それは低周波音被害者の飛躍的な増加をきたす恐れがあります。いったん低周波音症候群になってしまえば、この国ではその人に救いはありません。低周波音地獄国家です。

低周波音地獄の対策は簡単です。「日本語の禁止」です。特にカタカナ英語は真っ先に禁止すべきです。母音多用の元凶になっています。

ただし、効果を上げるのに一〇〇年くらいかかるでしょうが。

9　むすび

二〇〇九年一二月半ば過ぎ、私は窪田泰氏から思いがけないご連絡をいただきました。イギリスの新聞記事です。ご本人の「粗い訳文」と謙遜しておられる文章を拝借させていただきます。

■メイルオンライン紙（英）二〇〇九年一〇月二七日、マリアン・パワー記者

ヘレン・グリーンが最初にその音に気がついたのは風呂に横たわっていた時だった。それは低音のブーンとした音で、車のエンジンがかけっぱなしになっているような感じだった。

最初は彼女も別にそれを気にしなかった。彼女と夫のリチャードはハンプシャーのロプレイの新しいバンガローに移り住んだところで、家の改築工事が終わるところだった。彼女はその音が改築工事となにか関係があるのではないかと思った。

しかし、日々、そして数カ月が過ぎてもその音は存在した。

「毎日、朝から晩まで私には聞こえるのです」と、五九歳の退職した元郵便局員である彼女は言った。「それは一定のリズムがあるのです。上がったり、下がったり。音が大きくなったり、小さくなったり。同時に私はそれを感じもします。振動が私の体を通過するのです」。ヘレンはこの、彼女の家の中だけで聞こえる低音は、まるで拷問のようだと表現した。

「誰かが黒板に爪を立てて引っ掻いているような不快感です。私は眠ることも考えることもできません。私は怪物のようになってしまいました。夫がうっとおしいし、みんながうっとおしい。車を運転して何時間も逃げ回っているのです。でも結局家には戻らなくてはいけません」。

もっとも参ってしまうのが、ヘレンの夫にはその音が聞こえないし、尋ねて来た友達や家族

も聞こえないことだ。

一般の人には何を妙なことを言っているのかという印象でしょうが、低周波音被害者（低周波音症候群）なら自分たちの被害と全く同じだと深くうなずかれることでしょう。測定値の裏付けこそはありませんが、まさに低周波音被害そのものです。

私はこれまで、低周波音症候群は日本人に特有な被害だと説明してきましたが、そうでもなかったわけです。負け惜しみではありませんが、外国にも低い発生率ながらあっても当然だとは思っていました。日本人の左脳優位は遺伝ではなく、日本語を話すというその発育環境の差に過ぎないからです。

それより外国から低周波音被害者の報道がないのをよいことにして、この国はこれまで、自国の低周波音被害者を無視し続けてきたのです。国内からの反論は相手にしない。しかし、外国からの反論があれば手のひらを返したようにこれまでの主張を改めるというのが、この国の長年の習性です。少数であろうとも、この外国からの報道は「親方日の丸」が打破されるきっかけになってくれるものと期待されます。

メイルオンライン紙の記事は続きます。

ヘレンは言う。「私は気が狂ってきたのだと言う人もいるけれど、時々私はそれに同意しそうになります」

「何日も冷蔵庫やボイラーに耳を傾けて、音源が何であるか捜そうとしたことがあります。耳栓でその音を遮ぎってもみます。アルミフォイルで頭を覆って歩いていたこともあります。何の解決にもなりませんでした」（中略）

低周波音とは低音域のブーンという鈍い音で、工場や機械や交通から冷蔵庫やボイラーのような家電にいたるまでいろいろ発生源がある。

「ハム音」として知られたこの感覚は、ひどい場合、頭痛、気分の落ち込み、さらには自殺さえも引き起こしている。（中略）ヘレンの場合、家を離れると音が消えるということは、耳鳴りや、彼女の頭の内部に起こった問題ではないと言える。

「その音は家の中だけにとどまっています。私が外に出るとなくなります」（後略）

最後に、たった一つだけ救世主になる手法があった。

「TVのショッピングチャンネルを小さい音でつけておくのです。それで十分気がそれるのです」

これはまさに騒音によるマスキングという、低周波音被害者が実際に経験している不思議な現象そのものです。

「その音はずっとありますがそれと共存するしかないようになりました。これからも原因はずっとわからないかも知れません。でもこれが私の生活の一部だとあきらめました」

どうぞあきらめないでください。耳栓無効。普通音によるマスキング。いずれも低周波音症候群の特異性です。間違いありません。

彼女の場合、自分の聞こえる音に対して騒音測定が行われたのかすら不明で、まして低周波音の周波数分析測定まで行われたとは到底思えません。低周波音症候群は原則として外来の低周波音によって発生するのですが、「家の中だけで聞こえる低音」ということで、外部から来る低周波音という発想が希薄なように思えます。室内の低周波音のピークを見付け、そのピークを足がかりに音源を探すのです。

日本では生活環境の低周波音の測定（周波数分析）によって原因が突き止められていても、ほとんどの例では解決が得られていないのです。日本なら、彼女の被害を「神経質だ」「気にするからだ」で切り捨てて終わりです。しかし、イギリスではそんな独善的な切り捨てはしていないようです。周波数分析による現場の低周波音の測定、そして気導音、左脳受容と乗り越えるべき隔壁は多いのですが、「家を離れると音が消える」という外因性の状況を正確に受け止め、「気が狂ったのではない、耳鳴りではない」と判断して、未解明としているのはさすがです。皆と全く異なる異常な知覚を、それはそれとして尊重してあげているのです。

そこには、「気にするからだ」「気にするお前が悪いのだ」という、日本のような切り捨て解決がないのです。わからないものはわからないままで後世に託せばよいのです。それが科学の世界です。それを理工学界の不得意な精神心理部門を無理やり使って、強引に答えが出たように偽装しているのが、この日本の国です。それは自分の学問的成功のために低周波音被害者を犠牲にしてきたニセ科学者の姿です。

このイギリスの報道が、いずれの日か、日本の誤りを是正してくれるきっかけになってくれることを願っております。

二〇〇四年二月八日、「住環境の騒音・振動・低周波音を考える会」の「NPO法人認証記念講演会」が東京で行われました。私は出席しておりませんが、講演会のテープをいただきました。

この時の三人の講師（山田伸志氏、塩田正純氏、犬飼幸男氏）は、いずれもこの四カ月半後に「環境省環境管理局大気生活環境室」から発表された「低周波音問題対応の手引書」、つまり問題の「参照値」を導入した「低周波音対策検討委員会」のメンバーです。

つまり、この三人の講演は、環境省が実施を予定している「参照値」の予告編のようなものでしたが、参加した低周波音の被害者たちから、「講師たちのお話は間違っている、納得いかない」という端的な指摘があったのです。しかし、聞く耳を持ちませんでした。

[講師の答え]

(前略)今の社会で、皆さん一般の人達がどの程度のレベルで満足するか、あるいはどの辺のレベルまでだったら許容できるかという、そういう統計的なデータを基準にして自分を見て、自分が極端な主張をしているのか、それともある程度同じようなことを考えているのかということで判断し、それを社会的な標準に合わせて行動して行くという風に持っていかないと理解を得られないということはあると思うんですね。(中略)

何でこんなに困っているのに、何であの人は理解してくれないのかと思われる方もいるかも知れませんが、もう少し一歩退いてですね、社会一般的に、普通の人だったらどの程度のことで我慢しているのかという事を、やはりある程度考慮しないとなかなか主張は認められないということだと思います。

講師は、皆がなんともない低周波音に苦しむ被害者に、皆に合わせろと要求しているのです。そんなことが可能と思っているのです。これだけ相違する右脳受容者と左脳受容者を一まとめにして、統計的なデータなどとんでもありません。それを区別してこそ統計は成立するのです。

右脳受容者の講師たちは、左脳受容者の被害者たちの聴覚の特異性を一〇〇%理解していないか、あるいは下手に理解すれば面倒なことになるから、理解していないことにしているのです。

それでよくNPO法人の講演会の講師をやっているなあと、呆れるほかありません。左脳受容者に右脳受容者になれと言っても、それは無理です。その「無理である」ことすら理解せずに、ぬけぬけと壇上から説教しているのです。


［会場より女性］先生、ちょっと今のお話で納得行かないんですが。

［講師の答え］いや、それがですね、「基準」なんです。

［会場より女性］いや、だからね、「基準」を強調されますけれど、こっちも、受ける方も人それぞれ違いますよね。本当に心の持ち方で変わるものならね、こんな所へ来ませんよ。そんなものを遥かに超えているんですよ、皆さん、いらしている方は。


この女性は間違いなく低周波音被害者でしょう。彼女は、自分の実際の被害感覚が一般の人と大きく相違していることをはっきりと認識しているのです。それはそうでしょう。自分は苦しいが、夫はなんともない。訪問者もなんともない。その違いを長期にわたって、嫌というほど認識させられているのです。

それなのに、「低周波音対策検討委員会」の専門家であるはずの講師たちがどうしてそれを認識していないのでしょう。なにも、骨導音だ、左脳受容など難しいことを言わなくても、普通に被害者の訴えをまともに聞けば、一般と全く違うその聴取の特異性がわかるはずです。

素人である会場の女性が身に染みて感じ取っていることを専門家がどうしてわからないのでしょう。モノに対する専門家であって、人の専門家ではないどころか、人については素人以下ということです。こんな連中の「低周波音対策検討委員会」では、誤った「参照値」の登場も当然かもしれません。

確信犯という言葉があります。「道徳的・宗教的・政治的な信条に基づき、自らの行為を正しいと信じてなされる犯罪」と辞書にあります。低周波音被害は「確信被害」というべきでしょう。音響工学の専門家に向かって、「貴方は間違っている。素人の自分の言うことが正しい」と発言するのですから、よくよくの確信があってのことです。しかもおそらくは低周波音測定値という客観を持っていないと思われますから、その被害感がいかに確固たるものであるかを教えています。それをどうして専門家(?)が理解できないのか、日本の科学のレベルの低さを示します。

私はこれまで、機能的疾患である低周波音症候群は、問診レベルでは「疑い」にとどめ、低周波音の測定値をもって「確定診断」とするように主張してきました。これは皆にわかりにくい低周波音症候群に対して誤診防止のための主張でした。

しかし、これだけ自覚症だけで明確に区別される疾患であるなら、なにもそこまで慎重になる必要はなかったようです。イギリスのグリーン女史の新聞記事で、低周波音測定値がないから「低周波音被害かどうかわからない」ということにはなりません。そして長年の経験を重ねて、その自覚症の特異性も次第に明らかになって行きました。

低周波音測定値についても、当初の工場被害が主であった当時には、ピーク値を六〇デシベル前後、二〇デシベル超と期待したわけですが、エコキュートになりますと、五〇デシベル前後、一〇デシベル超へと、妥協しなければならないようで、それも危なくなってきています。

さらに、長時間、長期間ということも、長期間は必須ですが、長時間連続も危なくなってきました。エコキュートを見ますと、周波数もデシベルも小さくなり、騒音の立場だけでなく、低周波音被害の立場でもわかりにくくなっております。しかし、人間の方もそれに対応して鋭敏になっているようです。おそらく被害の発生確率は当然低下しているはずですが、そのかわり音源が増加すれば被害者数は減るとは限らないことになります。

そこで、測定値がなくても、自覚的症状でほぼ確定診断が可能ではないかと考えざるを得なくなりました。

そのポイントは、
(一)個人差　被害者と非被害者とが、自覚的に明確に区別される。
(二)外因性　被害が自分の生活環境(マイホーム)に限定される。しかし、そこは長時間の安静・休養の場であるから、生活が根底から覆えされる。
です。この二点を重点的に判断することにしてはどうでしょうか。

さて、講演会場の恥ずかしい応答は続きます。

［講師の答え］

だからそれはそういう方、悩んでおられる方は確かにいるとは思うんですけど、実際問題として問題を解決するには、客観的データに基づいて主張していかないと世の中通らない。

確かに個人の問題として見た時には、「大変なんだ。何でこの辛さわかってもらえないんだ」ということはあると思います。

それはもっと科学が進んでね。その方の病理学的な現象が解明されるようになれば、因果関係がはっきりするという面もあると思うんですけど、今の段階ではそういう科学的なデータはないんです。あったら、そういう風に悩まなくて済むんですけども。

今の段階では因果関係を明らかにするだけの科学的なデータはない。ではなぜ、それを本気で追求しようとしないのでしょうか。

また、それなのにどうして「参照値」などという答えを出して、低周波音被害者を皆殺しにしようとしているのでしょうか。

イギリス　わからない→答えなし、思考停止

日本　わからない→答えあり、「参照値」

こんなデタラメなことをやっておりながら、もう五年以上たってもこの「参照値」を放棄しようとさえしないのです。

［講師の答え］

自分が非常に大変であれば、今できる限りの防音対策をするという事も考えられるでしょうし、（後略）

防音対策をすれば低周波音被害がきつくなるということは低周波音被害者の多くが経験している奇怪な現実です。そんなことも知らない人が「低周波音対策検討委員」なんです。それでイインですか。

低周波音は隔壁を貫通する性質が強いということは、音響学者から教わったことです。その先生が、騒音被害と低周波音被害との区別に思い至らないということは、理解できないことです。

ほとんどの低周波音被害者は当然、音響の素人ですから、被害発生当初には自分の被害を騒音被害と間違えて、防音対策を考えます。

自分で費用を出した人はまったく無駄に終わりました。先方が費用を負担した時はこれだけカネを使ったのにまだ文句を言うかとなります。「これは嫌がらせではないか、神経質過ぎるのではないか、頭がおかしいのではないか、もう知らんぞ」となり、両者は決裂し、それ以後、被害者はさらに苦難の道を歩むことになりかねません。防音対策無効はもっとも重要な知識のはずです。

人間の問題については、医学の［結果→原因］思索が基本であり、［原因→結果］は通用しないという自然科学の基本さえ理解していない人達が、低周波音被害について誤った決定権を振り回して、デタラメな参照値を提唱したのです。


最近イタリアの科学者、ガリレオ・ガリレイ（一五六四－一六四二）の身体の一部の骨が見つかったという報道がありました。

中世のヨーロッパのキリスト教の「天動説」に対し、コペルニクスの「地動説」に科学的証明を与えたため、ガリレイは宗教裁判にかけられ、自らの理論の放棄を命じられて監禁されました。その時「それでも地球は動く」と言ったとか言わなかったとかは定かでありません。

私たちは地動説が正しいと教えられています。しかし、私の幼少の頃には、「太陽は東の山から上り、西の海に沈む」と聞かされました。

その山や海は余計ですが、日の出は東、日の入りは西です。そのことは、天動説、地動説と関係なく実際の感覚です。いくら天才ガリレイでも、まさか太陽はじっとしていて、自分はその回りを回っているという感覚を持つことは有り得ないでしょう。

全ての知識人は、自分の感覚を放棄して、地動説を信奉しています。ガリレイを処罰したことに対して、ごく最近まで法王は長年謝罪していませんでした。それを聞いていったんは驚いたのですが、自分の実感覚を尊重するという立場を考えると、謝罪が行われにくかったことも西洋ではそうなのかと、改めて思い直しました。

ところが日本では、低周波音被害について、右脳受容の多数派は自分の感覚を固守して、少数派の左脳受容者（低周波音被害者）の感覚をまったく受け入れようとしないのですから、本当にひどい話です。完全に間違っています。

既に述べたように、私を含めて右脳受容者の感覚のままでは、左脳受容者の感覚は理解不能です。自分の感覚を全面放棄して初めて、この不思議な左脳受容者の感覚に理解を示すことが可能になるのです。

科学者にはそうした謙虚さが求められているのですが、現実は傲慢さしかないようです。もし医師がこんな態度であれば、誤診が続き、患者さんは逃げていくだけです。

日本の科学の前途の危なかしさを、低周波音被害は的確に指摘しております。

大日本帝国憲法（明治憲法）は一八八九年（明治二二年）二月一一日公布されました。

第一条　大日本帝国ハ万世一系ノ天皇之ヲ統治ス

一九一〇年「大逆事件」が起こりました。幸徳秋水ら多数の社会主義者・無政府主義者が明治天皇暗殺を計画したとして、大逆罪として全国数百名が検挙され、二四名に死刑宣告、一二名が処刑されました。実は社会主義者を弾圧するためにでっち上げられた事件とされています。

一九四二年「横浜事件」が起こりました。共産主義弾圧を目的とし、約六〇人の言論・出版関係者が逮捕され、約三〇人が有罪判決を受け、四人が獄死しました。実質「無罪」とされたのは、二〇一〇年です。

「大日本帝国憲法」下、いずれもこの国の法曹界はシロをクロと断じています。そして現在の「日本国憲法」の時代になって、法曹界は低周波音被害に対してクロをシロと断じています。どうしてこの国の法曹界はでたらめを続けているのでしょうか。理系に対する文系の思考のお粗末さが、明治憲法を歪んだ形で引き継いでいるのでしょうか。

産・官・学、そして法曹。誤った低周波音被害全面否定は、日本国民の不幸な未来を予言しているように思えます。

ここに至って、私はこの国の民主主義体制に疑念を抱かざるを得ないのです。

イギリスをはじめ、ヨーロッパの政治を見ていますと、保守が勝利したかと思うと、次には革新が出てくるということがよくあります。必ずしも少数派が滅びるわけではないようです。相対する両陣営が主導権を奪い合いながらも、それぞれの良さが消失せずに温存されているということは、その国の長い未来にとって大切なことです。

ところが、日本はずいぶん違うようです。それはこの国の現在の社民党の衰退ぶりが示していま す。二〇〇九年、民主党に敗れた自民党が今後どうなるかも注目です。勝ち組が負け組を尊重する という気風の存続が、長い目で見て大切なのだと思われます。

イギリスのグリーン女史の低周波音被害が、皆に理解されないままに温存されようとしている姿は、それより多数の日本の低周波音被害者がことごとくその存在を否定されている異様さを際立たせています。

低周波音被害者問題は、根源的な反省を日本人に求めているのです。左脳に多くの音を受容するという日本人の特異性は、単に低周波音被害の問題に留まらず、また囲碁の勝ち負けに留まらず、もっともっと巨大な影響を国民に与えていることに気付いてほしいのです。

それを今後どう改めていくかは、この国に与えられた重要にして困難な命題であることを、低周波音被害は教えています。

第二章　風力発電公害――超低周波空気振動症候群（風車病）

1　風力発電機の住民被害は低周波音被害では？

低周波音被害を追って三〇年が経過した二〇〇六年頃、風力発電機の住民被害をちらほらと耳にするようになりました。

その当時、専門の各氏の風力発電の著述を読んでみましても、騒音被害のことはわずかに書いてあっても、低周波音被害という表現にはお目にかかることはまずありませんでした。

そんな当時の二〇〇七年六月、偶然見ていたテレビの報道に驚かされました。それはまったく思いがけない内容でした。

愛媛県伊方町には四二機の風力発電機があり、「風車の町」と言われているというのです。原発訴訟で有名で、「原発の町」とばかり思っておりましたが、「風車の町」とは知りませんでした。

それで住民たちはどういうことになっているのでしょうか？　行政はともかく、まさかオレたちは「風車の町」の住民だと、誇りに思っていることはないでしょう。

＊風車から二〇〇メートルの民家で家が揺れる。
＊その騒音は「風切り音」と「モーター音」とからなり、昼間より夜の方がきつく、寝られず、頭が痛い。一カ月で四キロ痩せた。
＊そこで一部の地域で夜停めることになったら、その他の地域から「なぜ同じ処置をしないのか」と文句がきた。

つまり、不眠、頭痛、体重減少など、不定愁訴を思わせる住民被害があり、どうも局地的、例外的なものではなさそうです。
伊方町の風力発電は、九紅、四国電力、伊方町による第三セクターが設置しており、その事前説明を受けた住民と第三セクターのやりとりです。

＊ここまで大きな音が出るとは思わなかった。
＊音について住民から質問がなかったから説明しなかった。

第三セクターらしい、いかにも無責任な対応ぶりです。
そこで騒音対策としての第三セクターの提案はこうです。

*窓の防音工事（二重窓のサッシ）＋エアコンの設置

しかし、住民の苦情は絶えず、「音に慣れるのに数年かかる」と困惑しているというのです。中には、

*電気を作っているのだから、エアコンの電気代を払え。

というミミッチイ文句まであったようです。
最後に解説者の「もっと強力な騒音対策を」で終わりました。

テレビでは騒音、騒音と言っていましたが、これは低周波音ではありませんか。
①騒音で家が揺れるというのはおかしい。
②被害症状の不眠、頭痛、体重減少とは不定愁訴が中心では？
③防音工事をしても苦情は治まらず、逆効果になっているのでは？

④騒音は慣れるが、低周波音ならむしろ増悪するのでは？

長年、低周波音被害を経験してきた私としては、放置できない問題だと認識させられました。その頃同時に、欧米の風力発電の先進国から、低周波音被害らしい住民被害が報じられていました。当時外国には低周波音症候群は存在しないと思っていた私にとって、それは日本の低周波音症候群と同じものなのか、それとも別物なのか？　風車自身に騒音は確かにあるとしても、その被害とどう区別されるのか？

ぜひとも解明したい命題でした。

二〇〇八年初めになって機会が訪れました。テレビ朝日から風力発電機の住民被害の取材に同行を求められました。良いチャンスと喜んで参加させていただきました。

その結果は？

2　愛知県田原市・久美原風力発電所――どちらが悪い？

二〇〇八年二月、最初に訪れたのは愛知県田原市六連（むつれ）町の大河剛氏宅です。渥美半島の付け根（東部）に位置します。三五〇メートル離れた少し小高い丘に大きな風力発電機が一機だけ立っていました。久美原風力発電所です。大河家も若干高い場所に建っており、その間は谷間というほどではありませんがある程度凹地になっており、完全な平地と違って空気振動が比較的遠くまで届きやすい地形とみました。

早速ご本人と棟続きの母家にお住まいのお母さんにお会いしました。

「二〇〇七年一月の試運転時から、二人とも異常を感じました」と、口を揃えて訴えられるのです。つまり、潜伏期もなく、個人差も明白ではありません。その上に外国でも被害があるとなりますと、私が認識している低周波音症候群とは異なる被害像であることを確信しました。

同時にお二人の訴えの特徴は、風車から出る騒音による被害と、それとは明らかに異なる低周波音域と思われる不定愁訴的な被害との二極構造になっていることです。戸外では被害が楽であり、室内で窓を閉めた方が苦しいというのは、いかにも低周波音被害らしい訴えです。

風速、風向にもよるでしょうが、三五〇メートルというのはこの地形では騒音が届いたり届かなかったりする境界の距離のようです。そこで「音が小さくなった時の方が体に響いて苦しい」という不思議な訴えがありました。低周波音症候群の場合と違って、二極構造では騒音のマスキング作用がより明確であり、また風車が風下にあたる場合、騒音は著明に低下しますが、低周波音域はそれほど低下しないためと考えられます。

大河氏の被害感は、振動を伴う不快感、違和感で、特に我が家での夜間の安静・休養・睡眠には耐え難いものがあるようです。夜は地面が冷え、昼間上昇している空気が下がってくることも関係するのでしょう。耳が詰まる、耳痛、足がだるくなる、気持ちが悪くなる、不快な低い音と振動感が頭に響いて寝られないということで、夜我が家で寝るというあたり前の生活が困難になりました。

被害の訴えに対して二重サッシの対策が行われましたが、それで音が小さくなったとしても我が家の夜の不快感は耐えられないものがあり、早々に市内のシティーホテルへの夜間逃避を始めましたが、ホテルが満室で断られることもあり、やがてアパートを借りることになり、その費用「月額五万円」は業者が出してくれることになりました。


大河氏は、田原市に低周波音の測定を依頼しましたが、田原市には低周波音の測定器はありません。愛知県が貸し出すということでしたが、田原市には貸し出しを受けても測定できる自信がありません。結局は、「愛知県環境調査センター」が、二〇〇七年八月一〇日の夕方に測定に来てくれました。

しかし、あいにくその時点はそれほど苦しい状況ではありませんでしたので、もっときつい時に測定して欲しいと頼みましたが、そんな要望はてんで相手にされません。「出たとこ勝負」の測定実施で、住民被害の科学的解明などという目的意識はみられません。それでも風車の稼働時と停止させた時とを一回だけですが測定してくれました。

一カ月余後の同年九月末、その測定結果を受けて田原市の会議室で説明会が持たれました。測定に関わった愛知県からの出席はなく、低周波音被害についての知識に乏しいであろう市職員、業者、

［第８図］1/3 オクターブバンド周波数分析図

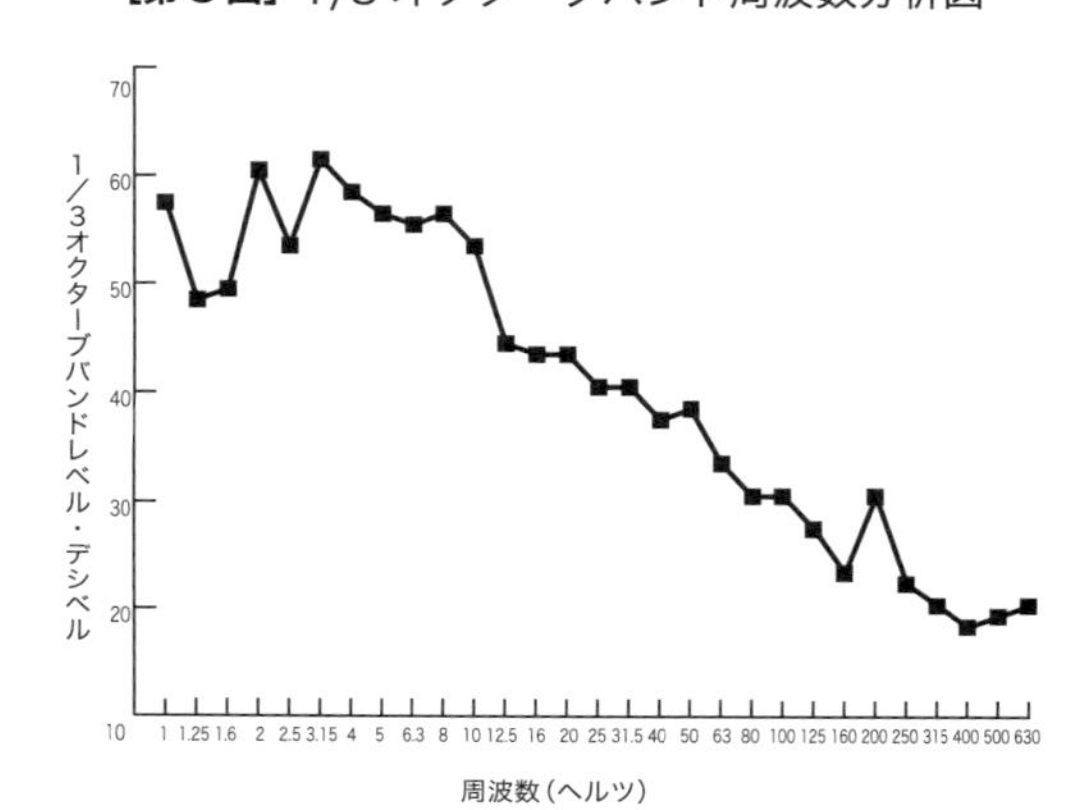

測定場所　愛知県田原市 大河剛氏宅居間（二重サッシ閉）
測定日時　2008 年 2 月 28 日（月）22 時 07 分〜22 時 12 分（4 回測定平均値）
測定機器　リオン NA-17、SA-29
測定者　窪田泰

本人及び両親の他に、なぜか被害がわからないであろう校区総代、地区総代、その他地元の役員が八人くらいも集められていました。

開会するや否や、市職員は「騒音は環境基準を満たしているし、低周波についても、心身苦情の参照値やG特性の参照値以下なので、なんの問題もありません」と宣告して、帰ってしまいました。

風車の低周波音被害は低周波音症候群と同じかどうかもはっきりしていないはずなのに、低周波音症候群の誤った参照値をそのまま適用するのですから、二重の誤りです。

市が帰った後、区長に残るように言われ、業者から「県の正式な測定結果と、私たちの提出した結果をもって、問題のないことがはっきりしました。よって、アパートの保証も打ち切るし、風車本体の防音工事もやる必要がなくなった」という宣告です。

原因から結果を考え、結果から原因を考えないという科学的手法の誤りがあくまで貫かれています。確かに原因者側にとってはこれは好都合ですが、それなら被害はウソだという証明は要らないのでしょうか。

大河家の夜のアパートへの逃避は、自腹を切ってその後も延々と続いています。嫌がらせでないことは明らかです。

その時点では認識していませんでしたが、奥さんはあまり苦痛がないらしく、やはり個人差はあるようです。ただし、低周波音症候群の場合の個人差が、イエスかノーかの決定的な質的な差であるのに対し、風力発電の場合は、きつい、緩い、たいしたことないといった個人個人の量的な差があるようです。

［第９図］1/3 オクターブバンド周波数分析図

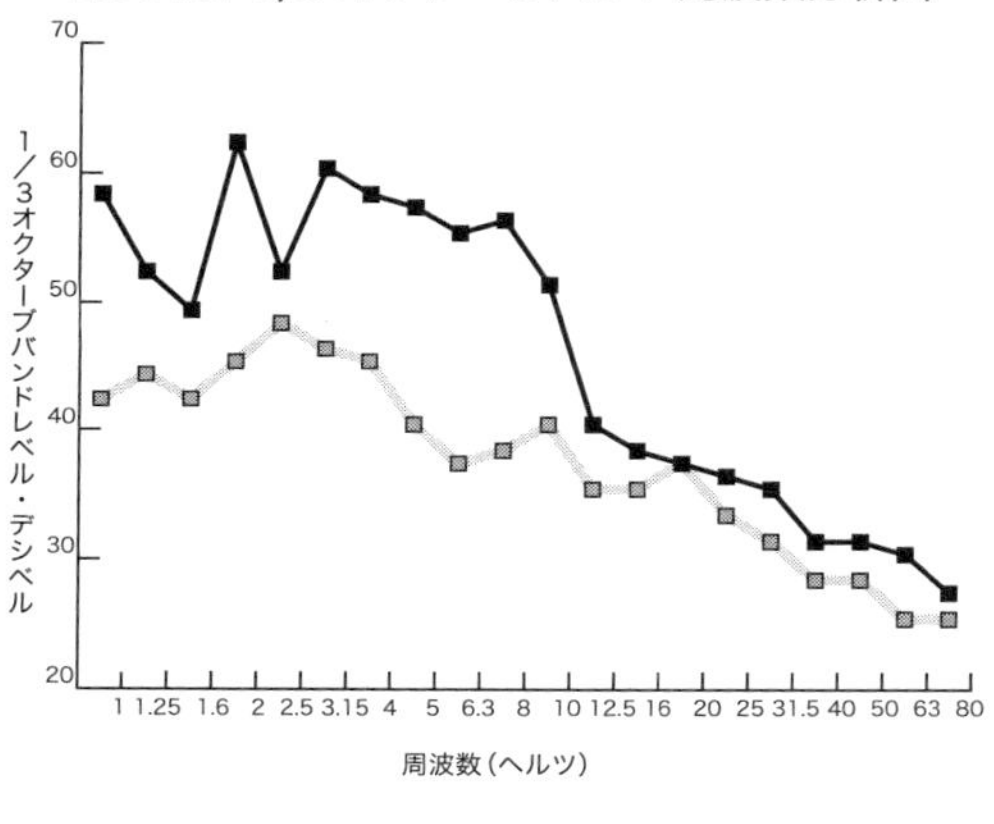

結局夜になると大河氏が今晩はきついかどうかを判断し、きついと判断すれば、幼いお子さん三人と一家五人、アパートへ泊まりに行くというのですから大変な日常生活です。
二〇〇八年二月に現地を訪れましたが、最初私自身、低周波音症候群との鑑別に確たる認識もなく、一〇－四〇ヘルツの範囲のピークにこだわっており、［明確な騒音 ＋ 低周波音］とい

う新しい状況をどう理解するかもよくわかりませんでした。その上風も強くなくて満足のいく測定は不成功に終わりました。

答えが得られないまま、東京都国立市の窪田泰氏（ＪＲ中央線高架化工事による低周波音被害者・低周波音症候群被害者の会代表）に応援を頼みました。六三〇ヘルツまで測定可能な測定器（リオンＮＡ－一七）を使用しての一カ月足らず後の測定でした。【第8図】

騒音は二〇〇ヘルツに三〇デシベルの小さいピークとして測定されています。二重サッシの室内ではありますが、これでは不眠の原因という役割は考えにくく、マスキング役としてしか関連していないようです。ところが、一ヘルツ、二ヘルツ、三・一五ヘルツには六〇デシベル前後のピークが出ているのです。これは何か？

その数日後、大河氏自身が低周波音測定器（リオンＮＡ－一八Ａ）を使用して測定したデータが得られました。【第9図】

それを見て驚きました。【第8図】と【第9図】と、測定機器、測定日時、測定者とすべて異なるのに、まったく同じ周波数にピークが出ているのです。このピークの一致により、これが人工的な由来であることが明らかになりました。この周波数でのこのデシベルですから、極めて巨大な発生源と推定されます。どの部分とは言えませんが、風力発電機由来であることは否定しようがありません。

かねて大河氏は業者から、低い周波数が大きいのは自然の風を捉えたものだと聞かされていたのですが、いくら自然が気紛れでも、同一周波数にピークはないでしょう。人工的なものに決まっています。業者も測定でこの低い周波数に出会い、自然の風とごまかしていたのです。

こうして、確信を持てる周波数を捉えることに成功しました。これだけ低い周波数なら内耳や大脳の聴覚野が直接的に関与するとは考えにくいのです。左脳受容者の熟練した左脳をもってしても、直接対応は一〇ヘルツ(最低八ヘルツ)が限度でしょう。

しかし、周波数が低いほど隔壁の貫通力が強いと考えられますから、聴覚ルートの助けを借りなくても、容易に頭蓋骨を貫通して脳に達することでしょう。そこで脳のどの部分が主として関与するかはわかりませんが、**【第9図】**の高稼働・低稼働の測定値の対比をみれば、これが不定愁訴を来している原因と推察されます。

細かく申しますと、同じ不定愁訴でも、低周波音症候群の場合の症状は明確・精緻。風力発電機の場合は不明確・漠然という印象があるように思われます。

これだけはっきりと周波数が異なりますので、混同を避けて、風力発電機の場合には、「超低周波空気振動症候群(風車病)」と呼ぶことにしてはと思っております。超低周波音と表現すると、「音が聞こえて」と間違われてしまう恐れがあるからです。

なお、この他に、皮膚や筋肉で振動を感知して、感覚神経を通って脳に伝わるルートも考えられますが、不定愁訴の主役はやはり直接脳到達であろうと考えます。

愛知県の測定には続きがあります。一年ほど後に、その測定の元ネタが判明したのです。愛知県は規定通り低周波音の一/三オクターブバンド周波数分析を行っていましたが、五ヘルツ以上の

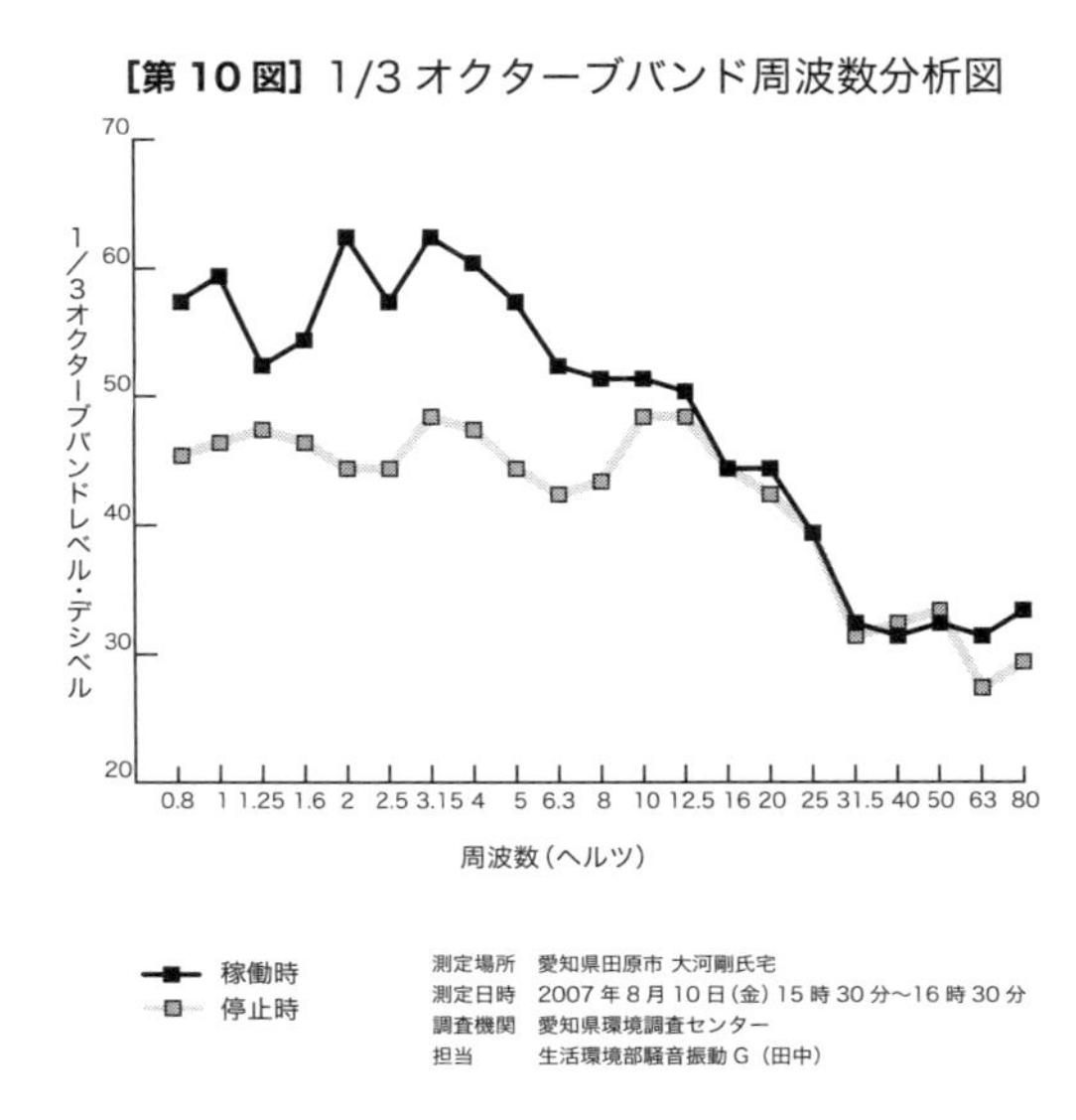

【第10図】1/3オクターブバンド周波数分析図

数値だけが提示され、五ヘルツ未満は切り捨て、行方不明でした。

その結果の結論が、一年前の会合での「問題なし」だったのです。

では、なぜ五ヘルツ以上か？　環境省ご推奨の参照値に由来するのでしょう。「心身に係る苦情に関する参照値」は一〇ヘルツ以上ですが、「物的苦情に関する参照値」は五ヘルツ以上になっています。その五ヘルツまで数値を示したのだから、文句を言われる筋合いはないとでも言うのでしょうか。

一般の低周波音被害と風力発電機の被害とを勝手に同一視しているのです。その結果五ヘルツ未満の測定数値は行方不明。五ヘルツ以上について問題なしと切り捨てられ、月五万円のアパート代も取り上げられてしまったのです。

ところがこの一年後に入手した元ネタでは、〇・八ヘルツまで測定されています。ちゃんと一ヘルツ、二ヘルツ、三・一五ヘルツにピークが出ているのです。【第10図】

今日はきつくないから、もっときつい日に測定して欲しいという被害者の希望を無視しての測定でしたが、稼働時と停止時とでは、二ヘルツで二〇デシベルほどの差があります。それを無視して問題はないという結論を公正であるべき自治体が出すのですから、この国の行政のモラルが問われます。

もし、被害者が望む通りもっときついと言う時点を測定しておれば、稼働時と停止時との差はもっと大きくなり、愛知県も判断を誤らずに済んだのかもしれませんが、この国の官僚レベルには、そんな謙虚な気持ちはもともと乏しいのです。国民の不幸の一因です。

3 愛媛県伊方町・佐田岬半島――悲しい風車の一列縦隊

いよいよ「1 風力発電機の住民被害は低周波音被害では?」という疑念の発端になった二〇〇七年六月のテレビ報道の現地(伊方町)に足を踏み入れることになりました。約九カ月後の実現です。

佐田岬半島は愛媛県西部から九州の大分県に向かって突出した東西に細長い半島です。その点愛知県の田原市から西に伸びる渥美半島に似ています。海中に突き出ていますから共に風が強そうで、お互いの凧糸を切り合う渥美半島の「けんか凧」が有名です。その凧に風力発電の業者が目を着けたのは理解できますが、両者はその南北の幅が違います。

地図で見ますと東西の長さは共に四〇キロ足らずですが、南北の幅には大きな違いがあります。渥美半島は六－七キロ位ですが、佐田岬半島は五キロ以下で、狭い所は二キロ以下です。その細長い半島の中央を山脈が通り、その最高峰は見晴山の三九五メートルです。それに対し渥美半島には名のある山はありません。比較的平坦です。

風力発電計画では、これまで風の状況というプラス面だけを考慮して地形のことはあまり問題にされなかったようですが、風車から住宅まで十分の距離が必要だということは住民の立場からみれば基本問題です。幅の狭い半島の中央の山脈の上に一列縦隊で風車を並べると、その南北の海岸にある居住地までの距離はごく近いものになります。その近くの山頂に音源、それも多数の一列縦隊では、音は平地の場合よりはるかに遠くまで到達するとみられます。

佐田岬半島に風車群を作ったこと自体が大きな失敗ではなかったかと考えられます。それを「風車の町」とは恥を知れと言いたくなります。

二〇〇八年三月佐田岬半島の先端近くの灘地区を訪れました。この地区の住民は業者のインチキな防音対策（二重サッシ）を拒否して、発電開始の当初から夜間の発電停止（午前六時－午前八時）の譲歩を獲得しておりました。

その夜間停止の前後の低周波音を同行した窪田氏が測定したところ、稼働中は二ヘルツと三・

一五ヘルツに七〇デシベル超のピークがあり、偶然かも知れませんが、田原市のケースと周波数が一致しております。ところが発電停止中のはずの時間帯にも同じ周波数の小さいピークが、一〇デシベル余の差で出ているので、首をひねりました。

実は発電停止といっても近くの四機だけです。それ以外の風車は停止していませんでしたので、それが測定されたようです。つまり、風力発電機の超低周波空気振動は遠くまで届き、一列縦隊では近隣の発電機の空気振動が加算されていることを教えています。

それでも夜間停止で住民は楽になっていることは事実のようで、他の地区もそれを要求するところがあるそうですが、それ以後業者は容易に夜間停止を認めません。この地区に認めてしまったことを後悔しているのでしょう。現地をろくに知らない上役から夜間停止を承諾したことを叱られているのかも知れません。灘地区でも夜間稼働を再三求められましたが、拒否を続けているということでした。他の地区の被害を伝え聞いているからなおさらです。

灘地区（豊後水道側）の北隣（瀬戸内海側）の与侈（よぼこり）地区は、風車の並ぶ山頂からは谷間のようになっている海岸の部落です。その風車に近い場所（約三五〇メートル）にお住まいの江川茂樹さんは、高齢のご両親の介護のため大阪から転出して滞在しておられました。

二〇〇七年三月から風力発電機の稼働が始まり、同年一一月頃から、どうき、不眠、頭がすっきりしない、耳鳴りなどの症状に苦しむようになりました。開始から被害を覚えるようになるまでの半

［第11図］1/3オクターブバンド周波数分析図

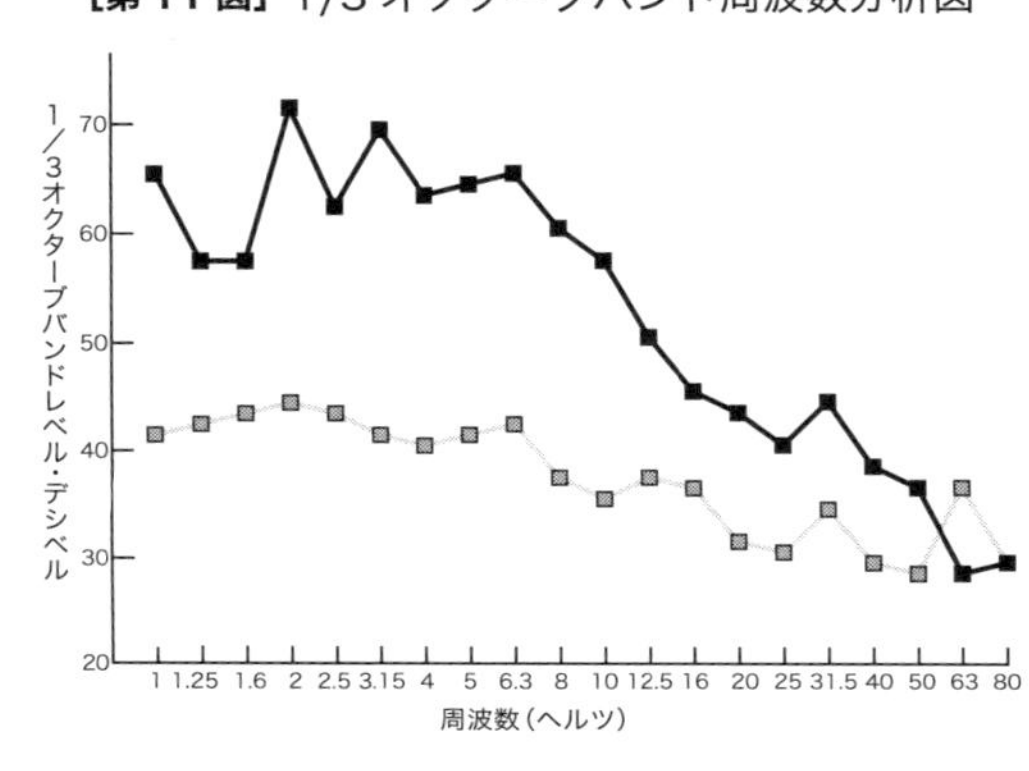

年ほどの時差については、季節的な風向、風速の違いがあって、冬はきついためと考えられています。

二〇〇八年四月初めになりますと、ご両親は相継いで体調が悪化し、自分も両下肢のしびれを来して首が動かず、このままでは死ぬのではないかとさえ思ったそうです。

前年の一二月初めにも町役場に風力発電を止めるように申し入れましたが聞き入れてくれませんでした。しかし、今度は「イノチ取る気か」と電話で怒鳴りつけたところ、東京の丸紅に連絡してくれて、取りあえず二〇〇八年四月四日－六日の三日間だけ、夜間（午後六時－午前八時）に風車を止めてくれました。

そして、四月七日に丸紅の担当者が来訪しましたが、防音工事の有効性について意見が一致せず、夜間操業停止はそれまでになってしまいました。血も涙もない冷酷な対応です。

現地には「音が聞こえなければ被害はない」という〈迷信〉が流布されている疑いがあり、それなら防音対策で解決するはずです。それを丸紅の担当者も信じていたのかも知れません。それなら非人道的なのは担当者ではなく、そんな〈迷信〉を流布した人間不在の音響科学者の方ということになりますが、いずれにしても被害者は住民です。

アメリカの探査衛星は、四〇〇キロの上空から北朝鮮のロケット発射や原爆実験を監視しているそうです。東京なら四国の現地まで約八〇〇キロ。いったい何を監視しているのでしょうか。これだけ被害が訴えられているのですから、誰か職員が現地に滞在してその被害を実感して、現実的な対応を考えるのが当然の業者のモラルだと思うのですが、それをやろうともしないのです。北朝鮮なら滞在は困難ですが、同じ日本国内でなぜそれをやらないのでしょうか。実効のない無益な二重サッシがなんとかの一つ覚えのようです。そして騒音はやがて慣れると住民をだましているのではありませんか。

ヒトよりカネ。情けないこの国を被う現実です。第三セクターとは、カネに「右へならえ」という存在です。業者が主体であって、そこには住民のための行政の姿はありません。

怒りの中で江川氏は自分で低周波音測定を試みました。**【第11図】**

対象になった「風車停止中」は夜間停止の最終日、それもたまたま、風が弱かったようです。それに対して、一〇日ほど後の比較的きついと感じた時が「風車発電中」です。二ヘルツと三・一五ヘルツとは七〇デシベル前後のピークを示し、ピークのない「風車停止中」との差は三〇デシベルに近い大差です。

私はこの【第11図】は風力発電の超低周波空気振動被害を証明する当時としては世界最高のデータであると信じています。

風車被害の測定には、測定者が日々変動する風力の影響を現場で連日実感して把握していることが重要なのです。よそ者には困難です。

またこのピークの周波数（二ヘルツと三・一五ヘルツ）は、田原市の大河家と同じです。このあたりの低い周波数が風力発電の被害の周波数であることを教えています。

それでも江川氏によりますと、この［風車発電中］はこれまで経験したもっともきつい被害状況時に比べると、四分の一くらいの強さだったと言うのですから、最強時はもう数デシベル大きいデシベルであったのかも知れません。

【第11図】は素人の測定だと難癖をつける人があることでしょう。しかし、現在の低周波音測定機（NA－一八A）は、普通の機械の使用能力のある人なら、使用は容易です。逆にインチキのデータを作ろうなどとしても、それは専門家でも操作不可能です。

佐田岬半島には専門家はいないでしょう。大金の謝礼で遠方の専門家に測定を依頼しましたが、カネがかかるだけです。東京から八〇〇キロ。はるばる測定に来ていただいても、風がちゃんと吹いてくれるとは限りません。強い風が吹くまで、そして対照として無風に近い状態になるまでと適正な状況を測定しようとすれば、何日滞在しなければならないのか、見当もつきません。しかし、専門家となれば、そこは適当に妥協して測定を終えるようですが、その測定をとことん信用して良いかどうか？

そこが低周波音症候群の人工の機械装置の場合と、自然の風の場合との決定的な相違です。

風力発電機の測定は、「被害者自身が自分の被害状況を体感しながら気長に測定する」というのがもっとも妥当なやり方だと考えますから、現地住民が最適な測定者なのです。

結局江川氏は、これではここに住めないと、ご両親を現地の病院に入院させて自分は大阪へ引き上げ、その後、ご両親を大阪へ引き取っておられるとのことでした。これはひどい対応に会われたと考えるのはよそ者の考えることで、現地の事業当事者たちは、うるさい住民を追い払ったと、成功を喜んでいた疑いがあります。

ところが与侈地区にもう一人うるさい女性Aさんが残っていました。あいつも黙らせるか追い払えということでしょうか？

二〇〇八年七月、大の男が四人、彼女のところへやってきました。丸紅のKさん、伊方町役場のIさん、三崎ウインドパワー株式会社のTさん、そしてなぜか、東京都のN環境クリニックのN氏です。クリニックとは称していますが、医者ではありません。音響関係の権威者です。二カ月前の五月にAさん宅で行った測定について説明したいとのことでした。

私はAさんと面識はありませんが、その様子を手紙で詳しく教えていただきました。

その時、測定結果について説明があり、騒音は安眠できるレベルでＩＳＯ規格を下回っている。低周波も一〇〇デシベルを大きく下回っている（ＩＳＯ規格とは感覚閾値ＩＳＯ−二〇〇五年のことか？　そして低周波とはＧ特性のことらしい）。

プラスマイナスで五デシベルの差なら被害が有り得るが、（Ｇ特性が）六〇デシベルや七〇デシベルのレベルでは低すぎて低周波は出ていない。データから見て低周波による健康被害とは言えず、それは医者でもわからない（彼等は原因から考えようとするからわからないのです。医者なら結果から考えようとしますから、わかる可能性があります。そんな基本的なことすら理解していないのです）。

でもこんなことを言われても、素人が理解できるはずはありません。

その時、この測定結果の書類報告が渡されています。

騒音　　屋外四八デシベル（Ａ）　屋内三一デシベル（Ａ）

低周波音　屋外六六デシベル　　屋内六三デシベル

騒音は隔壁によって強く遮蔽されて低下しますが、低周波音は貫通力が強くてそれほど低下しないという物理法則を証明しているだけで、それ以外何の意味もありません。

この低周波音の報告文には、低周波音としてＧ特性の数値を記入しているのです。Ｇ特性が無意味なことは低周波音症候群の項でも説明しましたが、これが超低周波空気振動となりますと、もっと無意味なことが明らかです。

G特性の補正値	一ヘルツ	−四三デシベル
	二ヘルツ	−二八デシベル
	三・一五ヘルツ	−二〇デシベル
	一〇ヘルツ	±〇デシベル
	二〇ヘルツ	＋九デシベル

一－三ヘルツのあたりは、これだけきつい補正ですから、ゼロ評価に近いのです。それを平然と使用するとは、厚顔というか無知というか、あるいは相手を素人と見てのあなどりでしょうか。

Ａさん宅の背後の山頂には、二〇〇七年三月以後多数の風車が並んで稼働しています。一番近くの風車は一〇号機で、風車中心からの距離は二六〇メートル。水平距離は二一六メートルと大差です。それは山頂の高さを物語っています。

その運転開始の当初から音に悩まされ十分な睡眠が取れない状況が続き、六月頃には風車が強く回ると胸かドクドクし、脳で音を聞いているような何とも言えない不快感を感じました。八月には左耳の耳鳴りが始まり、それは現在も続いています。

稼働の当初から夜止めて欲しいと申し入れをしましたが、エアコンと二重サッシを付けさせてほしいと言うばかりで、一切受け入れてはもらえませんでした。

「かなりの効果があるから付けさせてほしい。エアコンと二重サッシを付けた後でも誠実に対応するから」と言われて、仕方なく一一月に取り付けました。しかし、耳で聞いても音は小さくならず、そのことを伝えても会社からはなしのつぶてです。

年が明け、二〇〇八年一月末から四月にかけては悲惨でした。胸がドクドク、脇腹からお腹にかけての鈍い痛み、身体が何かに押さえ付けられているような圧迫感、肩甲骨から後頭部にかけて、風邪のひきはじめのような、そして脳が震えているような不快感。辛くて涙が出ました。（江川さん一家が苦しんだ時期に一致）二時間ほどしか眠れない日が続き、朝起き上がるのも大変でしたので、四月に精神安定剤を飲みはじめ、睡眠時間が二時間から四時間ほどに増えましたが、他の症状には変化なく、身体に悪いと思って薬を続けるのを止めました。

五月末から六月上旬にかけて一〇日間ほど無風で風車が回らない日が続きましたところ、その一〇日間でみるみる体調が良くなっていったのです。耳鳴りは治りませんでしたが、胸がドクドクするなどの症状はなくなり、ぐっすりと眠れました。そして確信しました。〈間違いなく風車が私の身体を害している〉のだと。

その後はやはり強く回る時には少し症状が出ますが、以後は割合風が弱く何週間もきつい状況が続くこともなく、また部屋を閉め切らないようにしていましたので、なんとか、五～六時間の睡眠は取れているということです。

勤務先は風車から四キロほど離れており、職場に行けばなんともないのが救いでした。このことも、我が家が風車の被害を受けていることを確信させる根拠になりました。

しかし、四人の訪問者にはAさんの被害症状など相手にする気は毛頭ありません。素人だとバカにしきっているのです。G特性の数値で低周波音の影響を完全否定です。

わたしが、「工学博士のN先生の意見を聞いたので、医学博士の汐見先生の意見も聞いて役場として対応(救済)をして欲しい」というと、汐見先生は

＊病気を診ていない。

＊測定する資格を持っていない。

＊低周波と騒音の区別がついていない。

＊もっと勉強すべきだ。

＊誰も汐見先生の言うことを信用しない。

結論としては、今回の数値では何とも言えない安全なレベルだから、今、何をどうするというような話はできない。今後も検討してみないとわからない。

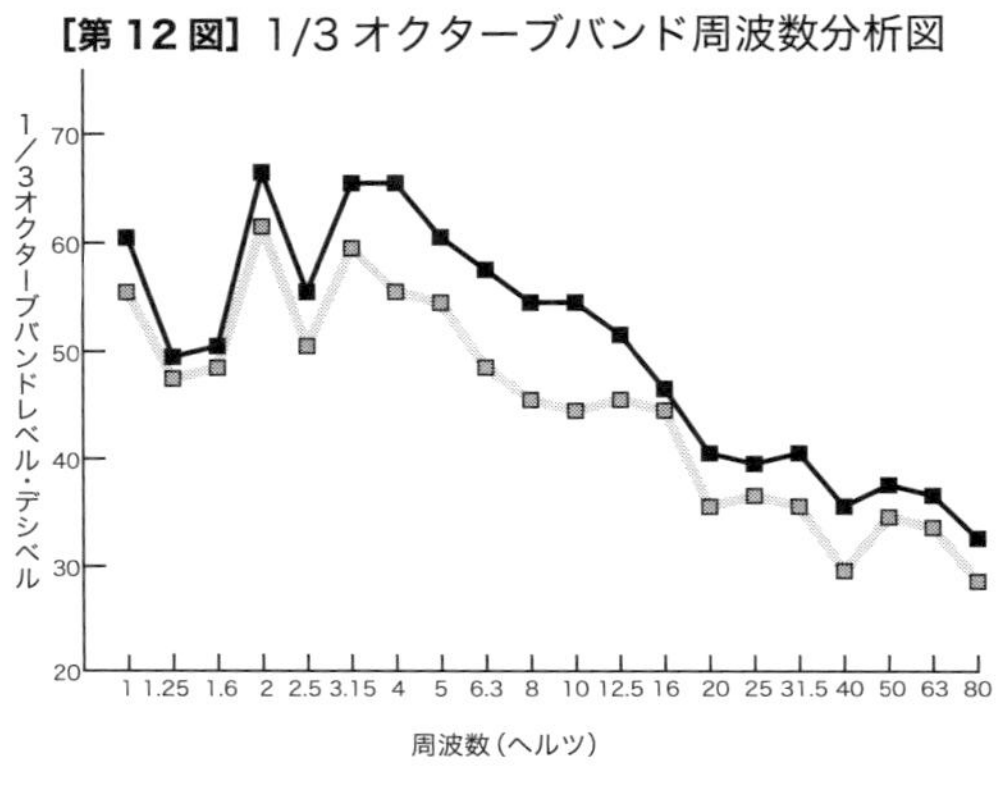

［第12図］1/3オクターブバンド周波数分析図

測定場所　愛媛県伊方町 A氏宅居室（窓閉・二重サッシ）
測定日時　2008年5月22日（木）22時16分 発電中（11〜14号機夜間停止中）
2008年5月22日（木）22時49分 停止中（11〜14号機夜間停止中、7〜10号機追加停止）
測定機器　リオンNA-18A
測定者　四電技術コンサルタント株式会社

「風車が強く回れば体がつらく、止まれば楽になる」と明らかな因果関係を伝えてもあくまで数値を根拠に聞き入れないのです。医学的に国際的に危険だということが証明されない限り、わたしに元の静かな生活は戻ってきそうにありません。

お手紙は、「汐見先生、お体に気をつけて頑張ってください」で終わります。

Aさんが、この応援をこちらに正確に教えてくれることになっているとは露知らず、悪口雑言の限りです。彼等の品格が問われます。

ところが、その時連中が持参したデータには、元ネタがついていたのです。しかし、そのままではAさんにはよくわかるはずはありません。おそらく四人衆のうちのN氏以外の三人もよくわからずに、N氏の言うままに測定はノーと自信を持って言っていたのではないかと思われます。悪党でなければ無知、あるいは両方でしょうか。

その元ネタの、夜間（二一一一四号機停止中）のデータをいただいてグラフ化しました。【第12図】
ちゃんと、二重サッシの屋内で、二ヘルツと三・一五ヘルツにピークが出ています。
それが昼間になりますと、

	二ヘルツ	三・一五ヘルツ
運転中	七〇・八デシベル	七一・六デシベル
七一一四号機停止	五八・四デシベル	五九・二デシベル

測定成績で被害を否定するので弱い数値かと思ったら、昼間なら七〇デシベル超と結構きつい数値です。これでどうして問題ないことになるのでしょうか。彼等の主張の根拠などあるはずはありません。

さらに不思議に思えるのは、これと対比するために測定したであろう七一一四号機停止でも二ヘルツ、三・一五ヘルツに六〇デシベル前後のピークが出ているのです。本当に停止したのか、六号機までと一五号機以後の風力発電機の低周波音を拾ったのかは不明ですが、風車の影響が測定されていることは明白です。こんな測定を対照に使用してノーと言うのは手品師のやり口で、科学の世界の話ではありません。測定値はなんでも良かったのでしょう。

同じ与侈地区の江川さんの測定【第11図】では、発電中は七〇デシベルと似た数値ですが、対照とした停止中は四〇デシベル余でピークはありませんから、三〇デシベル近い大差として被害も納得できたわけですが、ピーク付きの一〇デシベル余の差では対照としては使えません。そんなデータでも素人の住民ならだませるとしたのです。

しかし、こんなデータでは、素人であるAさんの確信を否定しようとしても、到底それは無理です。

医療の世界で新しい薬を開発された場合には、その効果もさりながら副作用が厳重に追求されます。人を助けるはずが、かえって苦しめることになってはならないからです。

それが理工学の世界ではどうなっているのでしょうか。事故が多発した場合にリコールという制度がありますが、では風力発電機は、これだけ明白な住民被害が出ているのに、リコールの対象にはならないのでしょうか。死なないからと安心しているみたいです。

風車の騒音に関しては、「二〇〇メートル離せ」などという書物の記述がありますが、はっきりしません。低周波音ならなおさら不明です。「地球にやさしい」だけが強調されて、そういうマイナスのことについては「我関せず」の態度です。

音源の騒音の距離減衰については、空理空論みたいなものはありますが、到達点ではどうかという現実的なものはあまりないようです。これには風速・風向も関係しますが、地形が大きな意味を持つことは、全国の「山彦の名所」の地形を考えれば明らかです。

これが低周波音になればなおさらです。騒音より遠くへ到達することは明らかですが、周波数ごとの相違は不明です。低周波音より超低周波空気振動の方がさらに遠くまで到達するだろうことは、距離に対する振動数の少なさからも当然です。

風力発電は北海道や東北地方の日本海側が先進地帯で、そこからは、あまり住民被害が伝わっておりません。人口が少ないことが有利だったのでしょうか。あるいは割合平地に恵まれたのでしょうか。

その地域の成功に味をしめて、次に内地の太平洋側を目指しますと、人口が多いですから人の少ないところを選ばねばなりません。すると、どうしても山地の利用となります。そうなりますと空気振動の到達距離は飛躍的に大きくなることが予想されます。「あちら立てればこちらが立たず」です。

しかし、現実には想像だけで、実際の地形に関しての現地研究はないようです。これだけ風車被害が浮上してきたのですから、その究明が重要です。それには既に現場が各地に用意されているのですが、なかなか研究の気配はありません。カネにならないからだけでなく、やればやるほど墓穴を掘ることを恐れているのでしょう。

それどころか、低周波音被害の長年の隠匿に味を占めて、風力発電機の住民被害についてもごまかしてしまえば良いのだというやりかたを、踏襲しようとしていることを佐田岬半島の現状が教えています。

「そうは問屋がおろさない」というのがこれからの対応でなければなりません。

近日伊方町では、伊方原発三号炉がプルサーマル（ＭＯＸ燃料併用）で建設されることになっています。それは、従来のタイプより一ランク危険度の高い原発です。なんでそんなことになるのでしょうか？

この狭い佐田岬半島の山頂に、これ見よがしに風力発電機を一列縦隊で並べて、「風車の町」と呼んでみましたが、世間からも住民からも次第に評判が悪くなって、また「原発の町」に逆戻りですか。人間は、悪くなればどんどん悪くなります。逆にやさしくなればどんどんやさしくなるようです。地方行政も人間の思考や行動が基本ですから同じことが言えます。この江川さんやAさんに対する対応をみれば、伊方町政の酷薄は明白です。ここまで悪くなるのです。町の経済の健全さだけが念頭にあって、町民の安全・健康・幸福などは考慮外です。

これでも風力発電は「地球にやさしい」ですか？

灘地区の方だったと記憶しますが、漁師の方からお話を伺いました。自分は長年海で漁をしているが、今まで海上で舟に酔ったことが一度もないと、自慢そうに言われるのです。ところが風力発電が始まってから家で船酔い状になることがしばしばあるというのです。めまいやふらつきなどでしょうか。これはどうなっているのでしょう？

漁師は当然、嵐の時には漁にはいかないでしょう。それは漁獲という目先の収益よりも、自分の生命や船(資産)への危険や健康への配慮を重んじて、これまで賢明に生きてこられたことのあかしです。

それに対して我が家でのこの船酔いはどういうことでしょう。それは風車の業者が、自分の収益だけを考えて、住民(他人)の生命、健康、幸福などはまったく配慮しないということです。これは犯罪常習者の心理と共通のものです。まともな事業とはとても言えません。

伊方町は第三セクターの一員として、この業者の仕事に一枚噛んでいるのです。しかも、江川さんやAさんの例をみれば、主役ではなさそうですが、脇役として町民を苦しめる側に立っており、町民を助ける側にお役に立っているとは到底思えません。こんなことで、町行政の民主的な担い手として胸を張れるのでしょうか。

風力発電は地方自治にもやさしくないのです。

4 静岡県東伊豆町奈良本——住民の健康と幸福の破壊

風車発電の被害名所を求めて、愛知県、愛媛県に引き続き、三番目の訪問先は二〇〇八年三月末の静岡県賀茂郡東伊豆町奈良本でした。

ここは緑豊かな山々が海岸沿いの町の西側を取り囲むように連なっており、東側は伊豆諸島が望見される相模湾という景勝地です。さらには熱川温泉に近く、その名も「三井・大林伊豆熱川温泉別荘地」と呼んで一〇数年前に売り出されました。

ここを「ついの住み家」と選び、すでに一〇年以上も住んでいる住民たちの多くは、長年の都会地での勤務生活を終え、人もうらやむ老後を迎えつつあった人たちであろうと推察されます。その幸福な人生の終局が風力発電機群の出現により悲劇へと一転したのです。その被害により別荘地の地価は半額となり、定年後の生活では今更新たに土地を求めて転出するのは容易なことではありません。

「進退きわまれり」とはこの人たちのことでしょう。

悲劇の始まりは二〇〇六年一〇月末、背後の天目山の山頂に一〇機の風車建設が計画されていることを初めて知った時です。その時すでに、東伊豆町長の事業同意、国の補助金交付の申請、その申請の認定と交付決定が済んでおり、近隣住民の同意もないまま建設工事に着手せんばかりの時期でした。こんな住民生活に影響のある事業が、住民不在のまま進められることが許されてよいのでしょうか。

国の補助金の申請書には、「地元承諾書」の添付が必要なはずです。「地元住民等と協議・調整を実施すること」が求められています。ところが太田長八・東伊豆町長は、住民への説明もなく、町議会に諮ることもなく、二〇〇六年五月二三日、同意書に捺印しています。

東伊豆町議・藤井広明氏はこのことを町議会で質問しておりますが、「民間のすることだから町には関係ない」の一点ばりです。町民とは関係ない事業らしいのです。

補助金の申請先である資源エネルギー庁新エネルギー対策課に問い合わせると、「地元調整は問題なしと認識している。町が同意書を発行するプロセスについては権限が及ぶ範囲ではないので関与できない」との見事な官僚的回答です。取りつく島もありません。

どんな小さいマンションでも、新築するには近隣住民との話し合いと同意の取り付けは常識でしょう。その後の長いお付き合いにも欠かせないことです。それを巨大な迷惑施設を作るというのに、住民無視は許されることではありません。「地球にやさしく」とは、「住民に厳しく」の反語なのでしょうか。

フリーライター（横浜市在住）の鶴田由紀さんが、藤井町議の案内で建設予定地の天目山に入ったところ、「山の木々は至るところで無残に伐採され、山肌をむき出しにしていた。（中略）広大なエリアを開削され、黒々とした地肌をさらす天目山の斜面。重機や大型トレーラーが通れるように、林道の拡幅工事も行われている」というのですから、先祖伝来の天目山の自然はメチャクチャです。森の木々は地球の最後の守り神、二酸化炭素を酸素に替える貴重な存在です。確実にこれを破壊しているのです。理屈が合いません。

山梨県に同名の山があります。昔、織田信長軍に攻められた武田勝頼が一族と共に山麓で自刃して滅亡したことから、「天目山」とは「勝敗の最後の分かれめ」、「土壇場」の意味です。長年この国で無視され続けた低周波音問題が、この地の被害発生問題で終結に至ることを願うばかりです。

二〇〇七年一二月から、一〇機中四機だけの試験調整運転が開始されたところ、その直後から多数の住民に不眠その他のさまざまな被害の発生です。ところが天の助けか、二〇〇八年四月八日に落雷と強風を受けてブレード二枚が落下し、長期停止となりました。私はたまたまその長期停止の一〇日ほど前に現地を訪れました。あいにく風は強くありませんでしたが、一〇数人の方に問診をさせていただきました。人により日によって強弱はありますが、ほぼ全員に、不眠を中心に健康や生活にいろいろ不都合が生じており、まさに集団被害の様相でした。

一〇機中四機だけの試験調整運転でこれですから、全機運転ならどんなことになるだろうかと懸念されましたが、そんなことにお構いなく、建設・復興工事は進み、二〇〇九年二月一日、一〇機の完成と共に全面稼働されました。当然以前より強い住民被害の出現となったようです。そして再び天の助け。五月二八日、強風でブレードが折れて飛び散り、以後長期休止中とのことです。飛び散った距離は三五〇メートルと言いますから、まるで騒音と到達距離の競争みたいです。破片による被害者が出なくてよかったという話です。こんなことでは木々を切り払った自然破壊のマイナスが取り戻せそうにありません。

いったい風は風力発電の味方なのか敵なのか。ともかく少なくも天目山の風力発電機は、現時点では地球にやさしいと言う計算にはなりません。そして住民に厳しくだけが伝えられてきます。〔参照：「温暖化対策に名を借りた環境破壊—東伊豆で巨大風車建設計画」鶴田由紀『週刊金曜日』六八〇号二〇〇七年一一月三日、「風力発電は欠陥システム！」藤井広明『月刊むすぶ』四六二号二〇〇九年七月〕

この地域の住民被害にはある特長があります。それは被害そのものの内容にではなく、被害を訴える住民集団の状況にです。

「別荘地」ということは、住民は昔からの旧住民ではなく、新住民だということです。旧住民は海岸線に住んでおり、風車群は山の上です。ちょうどその中間の山腹が「別荘地」になり、新住民たちが住んでいるのです。海岸線の旧住民は、距離的に見て被害はなさそうです。したがって旧住民から風車被害の訴えは出てきません。文句を言うのは新住民だけです。そこで新住民に内緒で計画は進んだようです。ひどい話です。

そのかわり良い点もありました。それは被害住民たちの団結力です。これまでの日本各地の風力発電被害について、なぜ情報が少ないのかという疑問ですが、それは、マスコミの怠慢もありますが、古い集落の住民たちは古いしがらみの中で長年生活しており、少数者が抜け駆けをすることには抵抗があるようです。地域の名士が提供した土地に立っている風車だから苦情を言いにくいとか、愛知県のトヨタの工場のあたりでは、トヨタ様の作った風力発電には住民被害の訴えが皆無であるとか、正確な事実が必ずしも正確に把握できないのです。下手に苦情を申し立てれば村八分の懸念です。日本人の卑怯な伝統が妨げになっています。中には建設時に「はした金」が配られたから文句を言えないとか、自分一人だけが苦情を訴えたりすれば、「アイツは共産党だ」と非難されるとか、この国の地方地方には、まだまだ前近代的な古い気風が温存されているのです。

「別荘地」の新住民ならそういうことはありませんので、遠慮せずに苦情を申し立てますから、正確な情報が伝えられます。その結果、この地域では被害者が多数派となり団結も容易です。こうして地域全体としての風力発電に対する反対運動が巻き起こりました。愛知県や愛媛県での状況とは大きな相違です。

「公害」とは、「相当範囲にわたる人の健康又は生活環境に係る被害を生じること」と定義されています。低周波音症候群では個人差が著しく、被害者自身も散発的な存在ですから、公害という言葉がぴったりしません。風車被害でも、集落の中で、「おまえだけうるさく言うが、誰それはなんともないと言っているぞ」となりますと、気勢がそがれます。もしなんともないと言っている人が本当は被害があっても、誰かにはばかって口をつぐんでいるとなりますと、真実が損なわれ、地域の被害が個人の被害に矮小化されかねません。

こうして天目山頂の一〇機の風力発電機による「三井・大林伊豆熱川温泉別荘地」の住民被害は、初めて「風力発電公害」と名乗ることが許される状況です。このことは、風力発電被害の社会的認知を促進するだけでなく、正当な対応なしに長年切り捨てられてきたこの国の低周波音被害の正しい認識への転機となるであろうことが期待されます。

「天の助け」も時間切れが迫り、一〇機の修復・再稼動が迫る中で、二〇〇九年七月一六日、「三井・大林伊豆熱川温泉別荘地」の住民たちは、国の「公害等調整委員会」に「原因裁定申請書」を提出しました。申請人は住民七名です。

私も求められて早々に、住民のための「意見書」を書きました。実はその「意見書」が本書の著作の出発点になっています。

そして、公害等調整委員会から「受け付け」の通知です。

「公調委平成二一年(ゲ)第七号静岡県東伊豆町における風力発電施設からの低周波音による健康被害原因裁定申請事件」
平成二一年八月六日　受け付け通知
公害等調整委員会・委員長　大内捷司

いよいよ戦いの開始です。しかし、こういう法律的な行為に不慣れな一般住民にとっては、それはそれで大変ご苦労なことだと思われます。住民たちは、自分のためにも、そして社会全体のためにも戦おうとしているのです。そしてこの戦いが、長年放置されてきた低周波音症候群の被害者たちの希望の星でもあるのです。

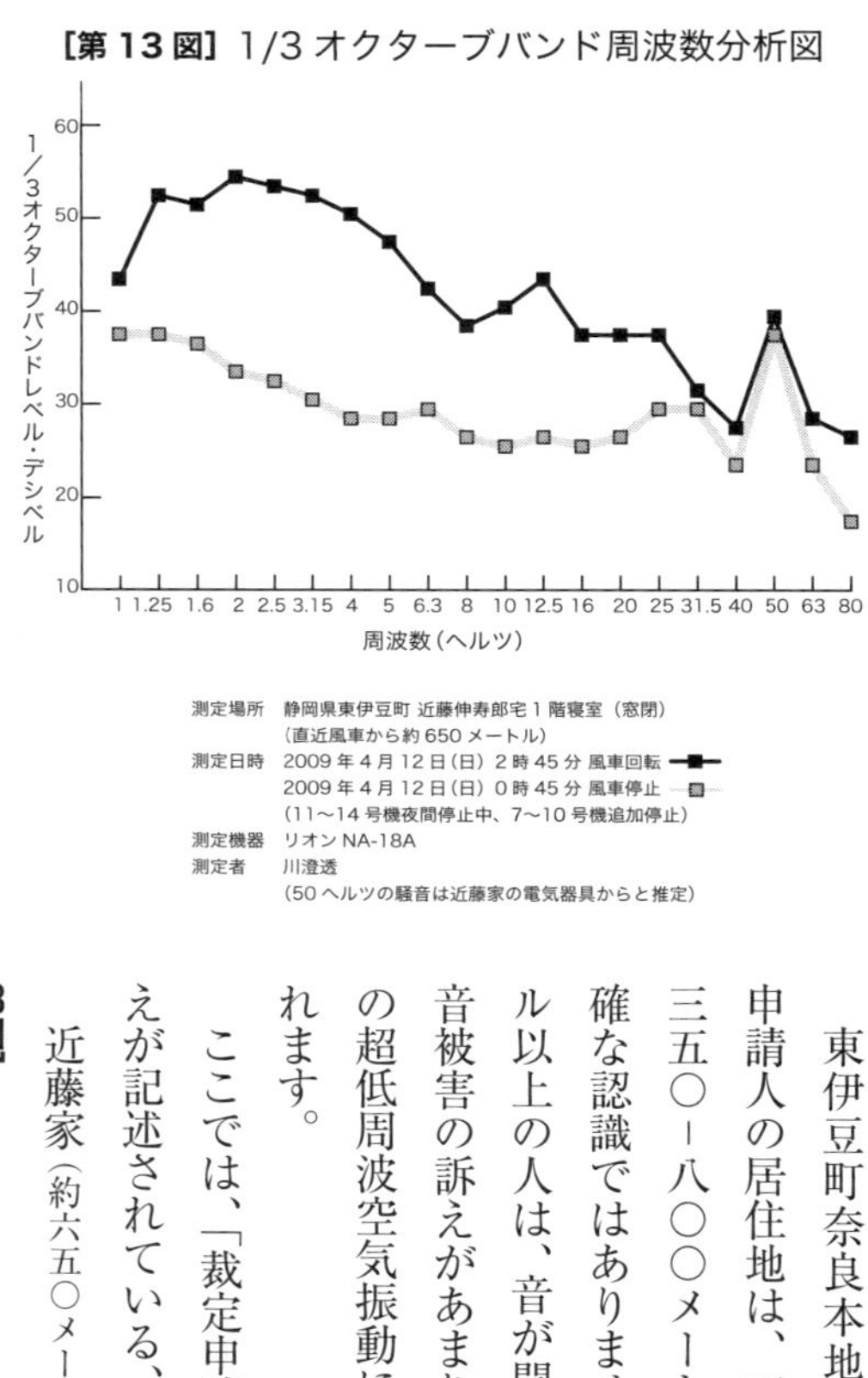

東伊豆町奈良本地区で被害を訴えている被申請人の居住地は、一番近い風力発電機からは三五〇－八〇〇メートルの距離にあります。正確な認識ではありませんが、特に五〇〇メートル以上の人は、音が聞こえてどうこうという騒音被害の訴えがあまり含まれないようで、純粋の超低周波空気振動による被害者が主体と見られます。

ここでは、「裁定申請書」にご夫妻の詳しい訴えが記述されている、

近藤家（約六五〇メートル）の低周波音測定図【第13図】

川澄家（約六〇〇メートル）の低周波音測定図【第14図】

とを提示します。共に川澄氏の測定です。

いずれも、風車回転と風車停止との相違が明白ですが、それぞれの時点についての個別的な症状の記載がないのが残念です。ただ低周波音症候群と違って、このような低い超低周波空気振動では、瞬間的な症状の把握がはっきりしない意味があるのではとも推察されます。

ここでは川澄恭子夫人の被害状況について、二〇〇九年三月二一日に鶴田由紀さんが現地で取材された文章がありますので、「裁定申請書」に重複しますが借用させていただきます。

今回の試運転で、家の中では音は聞こえないが、朝起きると肩が張り、時には吐き気がする時がある。胃が痛い。頭が痛いので脳外科でレントゲンを撮ったが異常なし。その時血圧は普段よりは上がる。

夜中に目覚めて（二時－三時）後は眠れない。睡眠剤は癖になるので最近止めた。

睡眠不足が続き主人と口論がちになるので、東京の実家へ一週間出かけたら、夜は快適だったが、熱川に帰宅したら早速夜中に目が覚め、朝まで眠れなかった。

先ほどふらつくので脳外科へ行ったが、脳には異状なしといわれ、耳鼻科の診察を勧められた。

［第14図］ 1/3オクターブバンド周波数分析図

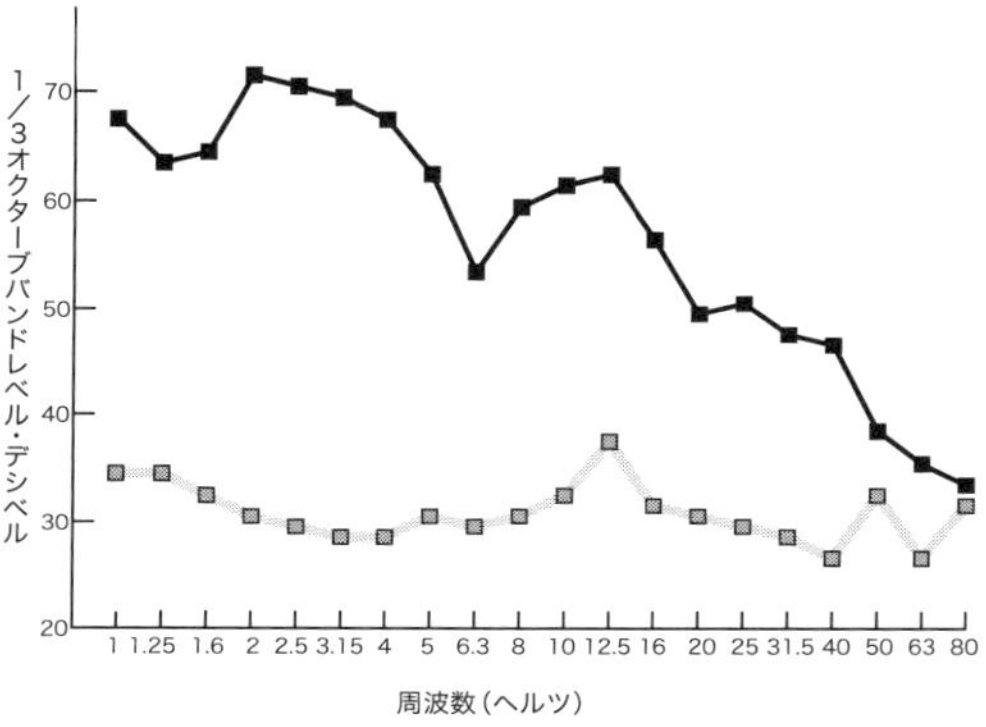

測定場所　静岡県東伊豆町 川澄透宅1階寝室（窓閉）
（直近風車から約600メートル）
測定日時　2009年4月22日（水）8時34分 風車回転
2009年4月10日（金）4時17分 風車停止
測定機器　リオンNA-18A
測定者　川澄透

六〇〇メートルの距離では騒音が聞こえるこ

【第15図】1/3オクターブバンド周波数分析図

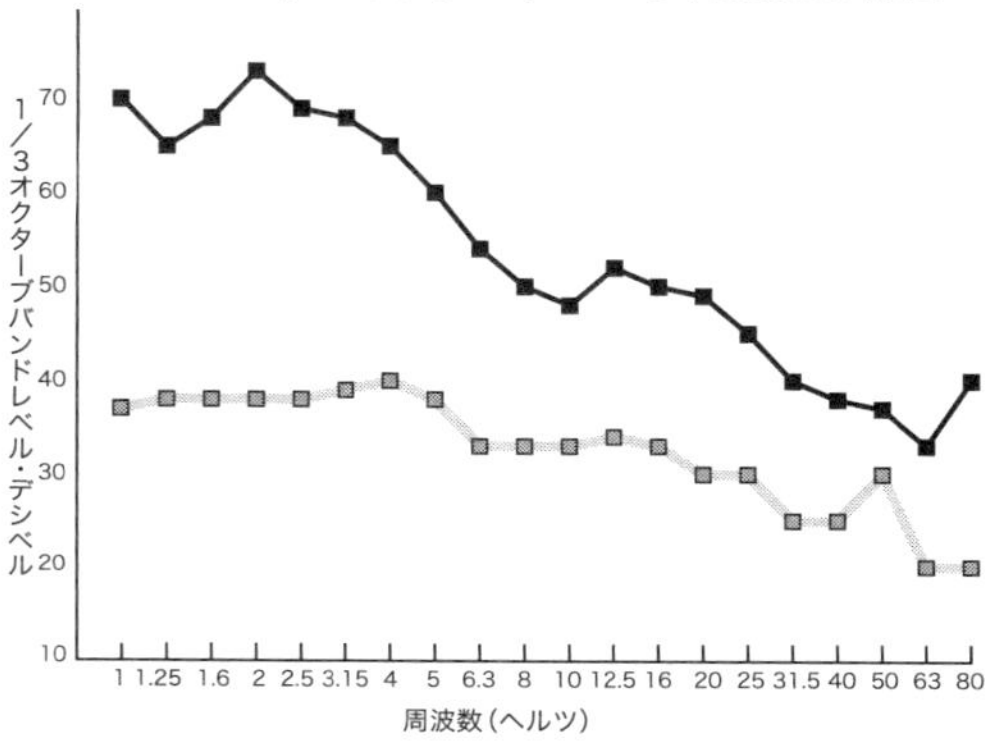

1／3オクターブバンドレベル・デシベル

10 20 30 40 50 60 70

1 1.25 1.6 2 2.5 3.15 4 5 6.3 8 10 12.5 16 20 25 31.5 40 50 63 80

周波数（ヘルツ）

測定場所　静岡県東伊豆町 石橋喜美子宅1階寝室（窓閉）
（直近風車から約350メートル）
測定日時　2009年4月13日（月）20時18分 風車回転
2009年4月 9日（木） 2時41分 風車停止
測定機器　リオンNA-18A
測定者　川澄透

とは少ないようですが、騒音抜きでも、結構つらい生活を強いられていることが理解されます。

【第14図】の風車回転時と風車停止時との差（二ヘルツで四〇デシベル強）は被害を証明しております。

それに対して【第13図】では、二ヘルツで二〇デシベル強（二・五ヘルツ、三・一五ヘルツ、四ヘルツも同様）しか差がないではないかという疑問が発せられるかもしれません。

これは私の推定ですが、川澄氏が風車停止の状況を測定するため深夜近藤家を訪れ、測定後に風車が動き始めたため、それを測定したものと考えられ、「被害は軽度」と書かれています。これに対し【第14図】は測定者自身の住居ですから、対比するためにきつい別の日を選んだものと思われます。自然界の風に関連した他家の状況を、他人が測定することの困難さを教えています。

二〇〇九年五月二八日の再度の事故で風車が停止してから、元の健康な状態に戻ったということですから、風車の事故がどんなに嬉しかったことか。風車は彼女にとって悪魔に他なりません。騒音のひどいはずの人口の多い東京が天国で、静かなはずの人口の少ない熱川が地獄というのは、あまりにもおかしな話ではありませんか。天国であった「ついの住みか」を地獄に変えたのは何者ですか。

今回の申請人の中で一番症状の重篤と見られるのは、直近の風車との距離が一番近い（三五〇メートル）岩橋喜美子氏です。**【第15図】**

岩橋さんについては、二〇〇九年五月二三日の「風車問題伊豆ネットワーク総会」で、本人が陳述されたより詳しい証言があります（記述・覚張敏子さん）。

天目風車一〇基が家のほうに向かって回っている。音が異常で起きて歩けなくなった。動けば少し楽になるが、体が硬直したようになり、手足はしばらく動かない。食事の支度をするのがようやくで、掃除などはできない。一〇基回り始めた時このままでは死ぬのではないかと思った。

頭が重く、耳の後ろが腫れて痛く、視野が狭くなり目の前がよく見えなくなった。

家を離れると症状はなくなる。耳の痛みが逆になり、右から左になった。膝にも痛みが出て歩行困難のようになった。

頭（脳）が疲れ、今まで理解できていたことができなくなった。口の中に血がたまる。最初は歯茎から出血し口の中にたまり、その後鼻血が出るようになった。

以前より病院では異常体質といわれ薬が飲めなかったが、今までは湿布で調節して医者要らずで対応してきた。別荘地に転居し風車が回るようになって天目の山側から来る風に恐さを感じている。車の運転をしていたがハンドルが切れなくなった。

飼い犬が気違い状態になって飼い主に歯を剥いてかかってくる。こんなことは決してなかった。

風車は作ったら回す。自分たちだけではなく、子どもの代になっても影響がある。造らせないことを切に望む。


二〇〇七年一一月三〇日から、まず六号機の調整運転が開始されて、一二月一三日、二五日に役場に騒音苦情が殺到した時が出発点でした。

二〇〇八年一月六日からは四機の試運転が開始されましたが、岩橋さんは音がうるさくて家の中に防音対策工事をしましたが、逆効果でした。

二〇〇九年二月からの一〇機の全面稼動では耐えられるものではなく二・五キロ離れたところに一軒家を借り、生活の拠点を移しているということです。我が家での本来の生活が風まかせになってしまったのです。

三五〇メートルでは騒音の影響も相当あるようですが、やはり主役は超低周波空気振動でしょう。防音対策が逆効果であったことがそれを物語っています。そして、口腔や鼻腔からの出血は空気振動（ガタツキ）そのものの直接的な身体局所の粘膜への影響が出ているようです。これは低周波音症候群ではそれほど明らかに見られない症状で、子供に鼻血があったくらいですが、風力発電公害では、周波数の低さ、そして同時にデシベルの大きさが、こうした症状を引き起こしていると見られます。皮膚と皮下組織とが密着しているのに比べて、粘膜は粘膜下組織との密着度が緩いので、微振動によって粘膜の毛細血管からの出血が起こりやすいと考えられます。

【第15図】では、風車回転と停止の差の最大は、二ヘルツで三五デシベルです。そのピークの二ヘルツは七三・〇デシベルです。

これに対し**【第14図】**の川澄家では、ピークは二ヘルツ、七二・二デシベルです。ほぼ同じです。同時測定こそ行われておりませんが、岩橋家（三五〇メートル）では川澄家（六〇〇メートル）よりさらにきつい超低周波空気振動が襲来しているはずですから、このようなきつい超低周波空気振動被害が出現したものと推定されます。

このような悲惨な住民被害を与えながら、ノホホンと「地球にやさしい」と唱和していてよいのでしょうか。

自然界の風とは不思議な存在です。きつく吹いて風車を強く回転させて周辺住民を苦しめるかと思えば、時々は風がやんでいくらかでも救いをもたらしたりします。稼動を続けて住民の悲鳴が聞こえると、強風で風車を破壊して強制停止させたというのが東伊豆町の風車発電公害の経過です。風は風車発電の味方なのか敵なのか、神の仕業かもしれません。

岩橋さんが「風車問題伊豆ネットワーク」で皆にその苦しみを訴えてわずか五日後の二〇〇九年五月二八日、強風がブレードを吹き飛ばし、救いをもたらしてくれたのです。

もちろん業者は再稼動を目指して修理を急いでいます。それを阻止しようとして、住民たちは公害等調整委員会に裁定申請を行い、受け付けられたわけです。

(一)　二〇〇八年一月六日　四機の試験調整運転開始
—住民被害の発生—
(二)　二〇〇八年四月八日　落雷と強風で破損
—住民被害の消失—
(三)　二〇〇九年二月一日　一〇機の全面稼動
—住民被害の再発生—
(四)　二〇〇九年五月二八日　強風で破損
—住民被害の消失—

原因（風力発電）と結果（住民被害）との因果関係を、二回も実地実験してみせてくれたのは、神の仕業としかいいようがありません。しかし、ヒトよりカネの人間が、その通り素直に受け取ってくれるものでしょうか？

少なくとも業者は素直に受け取ろうとはしません。復旧、再稼動を目指して着々と努力しているようです。目に入るものはカネだけで、住民被害は目に入らぬようです。なにしろ「地球にやさしい」の仮面を被っていますから、あたりがよく見えないのでしょう。

では公害等調整委員会はどうか。それが今後問われるところであり、原因裁定を申請した住民側も責任の重さを噛み締めているところです。

これだけ因果関係の明白な事実が認められないとなったら、低周波音症候群の二の舞どころか、二一世紀の珍事となります。

5 むすび

愛知県田原市での愛知県環境調査センターの測定による被害の否定、愛媛県伊方町の第三セクターとしての行動、そして静岡県東伊豆町長の住民不在の同意。どれを取っても風車発電による住民被害は無視されています。地方行政は誰のためにあるのか。住民の安全や幸福より、地方財政の健全さが第一の目標にされているのではありませんか。

国の対応も似たレベルです。資源エネルギー庁は、その自治体の首長の同意や住民の合意を極めて安易に認定して、率先して国の補助金を認定しているのです。住民不在の国家行政の象徴です。これでは怪しい業者が群がるはずです。補助金がもらえれば、仮に事業に失敗しても大損にはならないと高をくくっているのです。目の前にあるものは儲かるかどうかだけで、住民被害など眼中にはありません。住民の反対をいかに乗り越えるかだけです。

風車発電公害については、その公害についての規制は、昔からの一般社会での「騒音に係る排出基準」があるだけのようです。もちろん低周波空気振動に対する規制基準も、新しい公害源である巨大風車に対する新しい規制基準もありません。

風車発電公害については、極めて多様な関連要因が存在します。

①風車の大きさ
②風車のメーカーや設置業者のモラル
③近接場所での設置個数（多数ほど、影響は加算される）
④風速（その強弱は自由奔放。それをどう評価するのか？）
⑤風向（順風なら遠くへ届く。逆風では、騒音は小さくなるが超低周波空気振動はそれほど低下しないから、騒音によるマスキング効果とのプラスマイナスはどうなるか不明）
⑥地形（風車が高台や山頂にあるほど、距離減衰が少なくなり、被害が遠くまで及ぶ。また、夜間地面の温度が下がると

空気振動も下方へ向かうので、特に睡眠が妨げられる）

⑦個人差（人により鋭敏さに差がある。どこに線を引くか？）

ざっと考えても、これだけ多様な影響要因があるのに、法的な規制は「騒音に係る規制基準」だけ。「後はご自由に。規制はありません」というのでは、業者のやりたい放題を国が助長しているだけです。

これが二一世紀・地球環境保護を唱えるこの国の基本姿勢です。

しかし、現在これだけ風車発電被害が社会問題化すれば、さすがに放置を続けるわけにはいきません。報道したがらないマスコミも、報道しないわけにもいかないのでしょう。ボツボツと散発的ながら、各紙に記事が見られるようになりました。

■「しんぶん赤旗」二〇一〇年一月三〇日

不眠や体調不良を訴える住民の苦情が続発している大型風力発電について、環境省は環境影響評価（アセスメント）法の対象とする方針を二九日までに決めました。環境省の中央環境審議会の専門委員会が、風力発電を同法の対象に追加することを盛り込んだ報告をまとめたことを受けたものです。

■「日本経済新聞」二〇一〇年一月六日夕刊

環境省は低周波音と呼ばれる特殊な音波による健康被害や鳥類の衝突死（バードストライク）など、風力発電を巡るトラブルの対策に乗り出す。二〇一〇年度から低周波音の実態を明らかにする調査を始めるほか、施設を建てる前に周辺環境への影響を検証する環境影響評価（アセスメント）の対象事業に風力発電を加える方針。

実態調査は来年度から四年間かけて実施する。低周波音の発生と、健康被害の関連性を明らかにする。専門機関を通じ、苦情が多い施設を中心に、住民へのアンケートのほか、地形や風の状況、騒音や低周波音のレベルなどを調べる。

やっとここまできたかという思いですが、それで安心するわけにもいきません。まず、二〇一〇年度から四年間かけて実態調査するというのですが、その間これだけひどい住民被害は放置ですか。

薬剤の副作用問題では使用中止が基本だと思うのです。ともかく中止して、その後大事ではないことがわかれば、使用注意事項を追加して、復活することになるようです。

両新聞共、被害でなく苦情という言葉を使っているのは、現場を理解しない官僚の受け売りで、今後が気になります。

次に、誰が調査するのですか。低周波音症候群では、専門家なるものがウソ、デタラメの限りを尽くしました。まさか彼等がやるのではないでしょうね。専門機関が調べるといわれても、いまさら適当な専門家が思い当らないのです。

二〇〇九年一〇月一六日、一七日、足利工業大学総合研究センターの主催による「第一〇回風力エネルギー利用総合セミナー」が開催されました。この国の風力発電の第一人者である牛山泉・足利工業大学学長のご厚意により、汐見文隆、窪田泰、川澄透の三名が講演・報告をする機会を与えられました。

＊［基調講演］低周波音被害の実態について（六〇分）

日本医師会　汐見文隆

＊風力発電用大型風車に起因する低周波音（四〇分）

低周波音症候群被害者の会臨時代表　窪田泰

＊天目地区（伊豆熱川）における騒音・低周波音被害（四〇分）

熱川風車被害者の会　川澄透

これまでの五年間、一〇回に及ぶ「風力エネルギー利用総合セミナー」が行われ、風力発電の被害の住民側からの報告はおそらく初めてではないかと思われますが、この発表後の明確な反響はまだ霧の中です。

事前に、熱川風車被害者の会のために私が書いた「公害等調整委員会」への「意見書」二〇〇部をお送りし、参加者全員に配布されましたが、果たして何名の方に読んでいただけたかも不明です。

上記のマスコミ報道がその成果かどうかも不明です。

もう二〇年ほどの昔になりますが、広島県尾道市に立ち寄ったことがありました。その小高い場所に「千光寺」という有名なお寺があります。


音に名高い千光寺の鐘は一里聞こえて二里ひびく

これはその時初めて知った言い伝えです。

この下の句の「一里聞こえて二里ひびく」は全国各地の有名なお寺でしばしば使われている言葉だと教えられました。

そのすぐ後、和歌山県岩出市の根来寺に、

ねんね根来のよう鳴る鐘は一里聞こえて二里ひびく

という言い伝えがあることを知りました。「根来の子守歌」で知られている高野山の流れを汲む古いお寺です。

ひびく(響く)という言葉はこの場合「聞こえる」の対義語になっていますから、超低周波音域のことを指しているとみられます。昔の人はそれを音の二倍の距離まで感じ取ったというのです。古い有名なお寺の大きな鐘は、昔の静かな当時としては、低い周波数では唯一の巨大音源でしょう。それに対し、無数の騒音の鳴り響く現在でも、風力発電の風車は突出した巨大音源です。音は遠くまで、そして超低周波音域はさらに遠くまで届いているのです。

お寺の鐘は、「明け六つ」(午前六時頃)、「暮れ六つ」(午後六時頃)と、住民の時報代わりとして生活を守っていました。「除夜の鐘」は人間の一〇八煩悩を除去する意味でした。お寺の鐘は、お坊さんが近隣住民の幸福を願って突いておられるわけです。住民もその音や響きをありがたく感じこそすれ、やかましいとかうるさいとか感じる人はあまりいなかったことでしょう。

ところが風力発電はどうですか。「カネがつく」のは業者側だけであって、住民の幸福などかけらも願っておりません。風が吹きさえすれば昼夜の区別などありません。何日も連続二四時間、住民を苦しめ続けるのです。カネ、カネ、カネ、カネです。

カネにうるさい風力発電一里聞こえて二里苦しむ

おわりに

二〇〇九年夏、静岡県賀茂郡東伊豆町奈良本（天目山）の風力発電被害に苦しむ住民たちから、公害等調整委員会に対する原因裁定申請書に添付する「意見書」の記述を依頼された時、どのように書けば理解してもらえるのか思案しました。

私自身が風力発電に関与するようになってからまだ一年半に過ぎず、被害現地としては、愛知県田原市（渥美半島）に二回、愛媛県西宇和郡伊方町（佐田岬半島）に一回、そして本件の東伊豆町奈良本（天目山）に一回、それぞれ二〇〇八年前半の遠方への一泊のつまみ食いのような訪問でした。もちろん現地の体験は風まかせです。

東伊豆を訪問したのは、第一回破損事故の一〇日余り前でした。

現在二年余経過しましたが、以後の現地訪問をしておりませんから、風力発電の住民被害に精通しているとはとても言える状況ではありません。しかし、現地住民以外に、超低周波空気振動の視点からこれに精通している人は他に心当りがありません。逆に有を無に転じることに精通している連中ばかりが、これに関与しているのが現地の状況です。

私はこれまで三五年間、低周波音症候群に取り組んでおります。長年全くわけのわからないままに経験を重ねてきましたが、その間にも低周波音被害者は着々と増加しておりました。非常に不思議な被害像ですから、理解できる者は被害者だけという状況でした。

二〇〇六年頃になって、ようやく私なりに謎が解けてきたと感じるようになりました。それは「骨導音」と「左脳受容」という二つの考えの導入でした。そのことを書いて訴えましたが、なかなか世間に理解されるものではなく、国を挙げて否定され続けています。

そこへ風力発電機被害の登場です。現地をちょっと訪れただけでも、これは低周波音症候群と別物であることがわかりました。
①試運転当初から被害が発生する（潜伏期がない）。
②個人差が少なく、それだけ普遍性の被害である。
③日本人限定ではない（外国からも被害が伝えられている）。
ということで、個人差の少ない風力発電機被害の解明が、長年無視され続けてきた低周波音症候群を認知に導く有力な手段になるのではないかとの期待を感じました。

しかし、風力発電機の住民被害については各地でこれだけ明らかになりつつあるのに、業者を中心として、国も地方も、これを秘匿することに専心するだけで、低周波音症候群と風力発電機被害とは別物であるという初歩的なことすら認識しようとしないのです。

今日まで低周波音症候群を否認する根拠に利用してきた「参照値」の虚偽を、風力発電機の被害にも応用しようとするに至っては、開いた口が塞がりません。特にG特性で「ハイ、終わり」とはひどい対応です。

一－三ヘルツに対する四〇デシベル（一万分の一）から、二〇デシベル（一〇〇分の一）の補正は、ゼロ評価に等しいものです。

低周波音問題についてはこの国は犯罪国家です。専門的知識の少ない一般住民を、ウソとごまかしで切り捨て続けてきたのです。その成功に味を占めて、風力発電機についてもウソとごまかしで対応しようとしているのが現時点までの状況です。

しかし、そのウソとごまかしとは、現在まさに破綻の一歩手前に来ています。東伊豆住民たちの被害はその集団的な被害像において「風力発電公害」「超低周波空気振動公害」と呼ぶにふさわしいものです。

「低周波音苦情者」と被害を矮小化し続けたこの国の犯罪を打ち破る絶好のチャンスだと認識しております。

環境省はようやく重い腰を上げて、二〇一〇年度（二〇一〇年四月）から、四年計画で実態調査を実施すると報道されました。まだ苦情者という言葉を使っていることをみれば、前途は多難です。期待と不安を持って、今後を見守ることになります。

最後に申し上げねばならないことがあります。

それは、いまだに環境省が見捨てずに守っている参照値のことです。

〈低周波音問題対応の手引書〉平成一六年六月二二日

環境省環境管理局大気生活環境室（室長・上河原献二）

これは、（社）日本騒音制御工学会に設置された「低周波音対策検討委員会」（委員長：時田保夫（財）小林理学研究所）における検討結果を取りまとめたものであり、…

［経緯］近年、低レベルの低周波音に対する苦情が見受けられる。これらの苦情の多くは騒音が小さい静かな地域の家屋内に於て発生しており、…

環境省は、このような苦情に対する的確な対応のあり方の検討を、（社）日本騒音制御工学会に委託し、同学会において平成一四年八月学識経験者等からなる低周波音対策検討調査委員会が設置され、本件について検討が行われた。

もし間違いが発生したら、その責任は「低周波音対策検討委員会」にあります。環境省には責任はありませんと言わんばかりの記述です。

官僚亡国と言われますが、専門家委員会亡国とは言われません。しかし、これは重大な問題です。

私たち庶民は専門家と言われれば尊敬します。特に難しい専門領域についてはお手上げです。その専門家達が集まって決めたのだから、それが間違っているはずはないと思い込みがちです。その思い込みが間違いを多々招き、この国の官僚亡国の大きな原因になっているのですが、それを指摘する声はあまり聞こえてきません。

「苦情に対する的確な対応のあり方」などちっとも証明できていないのに、環境省は（わざと?）見落とし、見逃しているのです。

その結果「基準ではない、目安だ」の言い逃れから、志々目友博室長に代わっても、「参照値を下回っているから大丈夫とは言えません」と言いながら、参照値の温存を続けているのです。

「参照値は間違ってました」というためには、やはり「低周波音対策検討調査委員会」が必要なのでしょうが、もうとっくに存在しなくなっているのでしょう。改めて訂正のための委員会を作るのも大変ですし、そもそもこんなでたらめな取りまとめなど、事前に予想していなかったのでしょうか。役人たちの期待通り学識経験者が苦労の要らない答えを出してくれた。喜んでいたら、それが間違っていたのですから、打つ手に窮しました。そしてその付けが弱い国民に回ってきます。それが官僚亡国の基本に存在する実態であり、その象徴が低周波音被害です。

以前、和歌山県に私の尊敬する大学教授が居られました。こんな人が国や県の学識経験者の委員になってくれたらと思いましたが、なかなか実現しません。たぶん、住民や弱者の味方になって、お役人さんの言う通りには動いてくれそうにないからでしょう。定年間際にやっと実現したと思ったら、二年の任期で「ハイ、ご苦労様」です。委員会でも多勢に無勢では、思いは通らないでしょうし、特に委員長は役人向きの人が選ばれていますから、正義が通る仕組みにはなっていないのです。

彼以外の人は、もう一期お願いしますから、こちらの委員会もお願いしますとなり、委員としての報酬以外に、一般の講演会に呼ばれても、委員の肩書き付きで高額の講演料が入りますから、いったん委員をやると止められないのです。こうしてこの国での専門性の必要な正義も、役人の思惑によって大きく歪められていることを認識する必要があります。


最後に、本著作の基本である、理工学関係者は［原因→結果］の立場で間違いを犯しました。医師は［結果→原因］の立場であるから間違いを犯しにくいとする私の主張に対してでしょうか、低周波音対策検討委員会の検討委員には医師も入っているという反論を漏れ聞きました。

検討委員名簿によりますと、一三名の委員の中に、二名医師が入っておられます。
＊佐藤敏彦　北里大学医学部助教授
＊広瀬省　ジョンソン・エンド・ジョンソン株式会社顧問（医師）
いずれも私には全く面識も情報もありません。三〇余年低周波音被害者と接してきましたが、お名前を聞いたこともありません。そもそも、専門科目は何科なのかも私には不明です。

耳鼻科ならなぜ気導音だけで骨導音抜きなのか？　精神科や心療内科なら、どうしてこれだけひどい相違が気のせいや神経質で片付けられるのか？　詰問したい気持ちで一杯です。たとえ低周波音症候群を十分理解していなくても、医師なら当然理解しているべき初歩的なことすら理解していない医師が委員になっていることになります。

こうして参照値はやがて六年を迎えようとしていますが、行政の末端では、まだ活力満点で生きています。

急患（結果）が発生し医療機関に搬送されました。原因（病名）がよくわかりません。その時医師はどうすべきなのでしょうか。

わからないなりに少しでも原因を模索し、治療にあたります。それが、医師としての人道的使命です。［結果↓原因］とはそういうことです。

理工学系の人たちは、原因がわかりませんから勝手に苦しみなさい。勝手に死になさいという立場です。それは人道的に許されませんから、［原因↓結果］の立場を放棄して、医師に委ねるべきです。

ところが低周波音症候群では、彼等の主張する感覚閾値（気導音）や参照値（気導音）が、被害実態（骨導音）にほとんど合致しないのに［原因≠結果］を無視して、勝手に「気のせい」「神経質」などと詐称して、無理やりに［原因↓結果］にしてしまったのです。そして、それを納得できない低周波音被害者たちを、偽の学問的権威で押さえ付け、切り捨て、絶望した被害者には自殺者すら出ているのです。

しかし、この間違いを国が支持し、法曹界すら被害者を悪者にして、既に三〇年（参照値なら六年）、犯罪国家を維持してきているのです。近代民主国家、科学の進歩した文化国家として恥ずべき状況です。

低周波音対策検討委員会の一三名の「過失責任？」はどのように問われるのでしょうか。それが問われる形式が存在しないことが、今日のこの国の社会の悪化の基本に存在しているのではありませんか。単に経済悪化が現在の国民の不幸の原因のすべてではないはずです。

この状況を、現在ようやく表面化してきた風力発電公害が解決してくれるのでしょうか。今後の四年間の状況が、この国の今後の正義と真実の在り方を教えてくれることでしょう。

追記　冤罪を問う

二〇一〇年三月二六日、「足利事件」の再審公判で、菅家利和さんは無罪判決を受け、検察側は、判決後ただちに控訴しない手続きを取り、菅家さんの無罪は即日確定しました。一九九一年の逮捕当時の警察庁科学警察研究所（科警研）によるＤＮＡ型鑑定について、判決は「科学的に信頼できる証拠とは認められない」と判断しました。

無実の菅家さんの当然の犯罪否定に対して、検察官が自白を強要し、その自白が最高裁にまで通用した理由は何か？　なぜ菅家さんは無期懲役が確定し、一七年半もの長きにわたり自由を奪われたのか？

そこには、ほとんどの低周波音被害者が法廷や公害等調整委員会の場でその被害を否定され続けた今日までの状況と共通するものがあります。

基本は、法文系の法曹関係者たちの科学的教養の欠落です。

原因から結果を追求する理工学系の結論は、素人にもわかりやすいものです。しかし、もしそこに落とし穴がある時、見逃されやすいとも言えます。骨導音を気導音だけで処理し、左脳受容者の感覚を右脳受容者の感覚にすり替え続けたこの国の低周波音被害者への対応は、理工学者から国（環境省）へ、そして法曹界へと受け継がれ、これまで、低周波音被害者の切実な訴えに耳を傾けようともしませんでした。

それは菅家さんの逮捕当時のＤＮＡ型鑑定を、検察官、一審（宇都宮地裁）、控訴審（東京高裁）、最高裁とすべて鵜呑みにし、菅家さんの真剣な無実の訴えに耳を傾けようとせず、遂に無期懲役が確定した経緯を連想させるものがあります。

結果から原因を追求する医学は、原因から結果を求める場合よりも、それだけ難しさがあります。そこで一応答え（原因）が出たとしても、これで大丈夫か、疑心暗鬼が拭えません。軽率に信用して誤診に至った苦い経験を多くの医師が持っているはずです。

足利事件の誤審の出発点となった逮捕当時のＤＮＡ型鑑定について、今となっては、写真の不鮮明さや、福島弘文・科警研所長の「普通であればやり直す」などと証言したことを重視して、その証拠能力が否定されましたが、当時は「有罪の決め手になる有り難い証拠が出た」として無批判に飛びついたものと思われます。当時、このＤＮＡ型鑑定に科学者的な正否の評価をしようとする者はいなかったようです。

二〇〇九年の初頭、旧知の弁護士の方から年賀状をいただきました。そこには自筆で以下のように加筆されていました。

ご承知とは思いますが、判例時報一九九一号と一九九二号に、騒音・低周波音被害をめぐる考察が裁判官の手によって書かれています。

『判例時報』などは日頃ほとんど馴染みがなく、このことをまったく知りませんでした。早速、近くの和歌山県立図書館に行ってみましたがそこにはなく、和歌山市民図書館にあると教えられ、そこでコピーを入手することができました。

「騒音・低周波音被害をめぐる受忍限度・因果関係に関する一考察（上）」
『判例時報』一九九一号（平成二〇・三・一一）
河村浩　公害等調整委員会事務局審査官　※東京地裁判事から出向
森田淳　公害等調整委員会事務局審査官補佐　※東京地裁判事補から出向
「同（下）」『判例時報』一九九二号（平成二〇・三・二一）
著者　同二名

題名は「騒音」単独ではなく、騒音・低周波音被害となっています。

このように主題の二項目を列記した場合は、普通の科学の論文では、その冒頭に騒音被害と低周波音被害との定義あるいは状況の区別を明確に述べることが通常です。ところがその記述が見当らないだけでなく、両者を区別しているのは題名だけで、内容には区別する姿勢が全く見られません。こんな虚偽の題名を法曹界の人が掲げるとはどういう魂胆でしょうか。それは逆に法曹界の誤りを率直に表現していると言えます。騒音被害と低周波音被害との相違は［6 低周波音被害――これでもまだ騒音被害と混同するのか］で詳述しました。両者は天地ほどの違いです。これを混同するのは、頭がおかしいとしか言いようがありませんが、これを混同する理工学関係者や国に迎合する姿は、足利事件裁判で一審、控訴審、最高裁と、当初の不正確なＤＮＡ型鑑定に右へ習えした姿を彷彿させるものがあります。

「低周波音と評価基準」という各論の部分を取り上げてみますと、

低周波音については、一般環境中で発生している程度の低周波音では、直接的な生理影響を生じる可能性は少ないと考えられること等から、…

理工学者の感覚閾値（気導音）誤用の「気にし過ぎ」論を無批判に採用して、低周波音被害者の懸命な被害訴えに耳を貸そうとしないのは、まさに、菅家さんの「やっていない」という必死の訴えを無視し続けた有罪判決とちっとも変わりがありません。

……騒音の場合と異なり、規制基準と環境基準のいずれも定められていない。（それは誰の責任ですか?・）ただ、

①国際標準化機構（ＩＳＯ）による低周波音の感覚閾値、

②環境省による低周波音の参照値（以下では、心身に係る苦情に関する参照値を主として念頭に置く）

［第 16 図］ 1/3 オクターブバンド周波数分析図

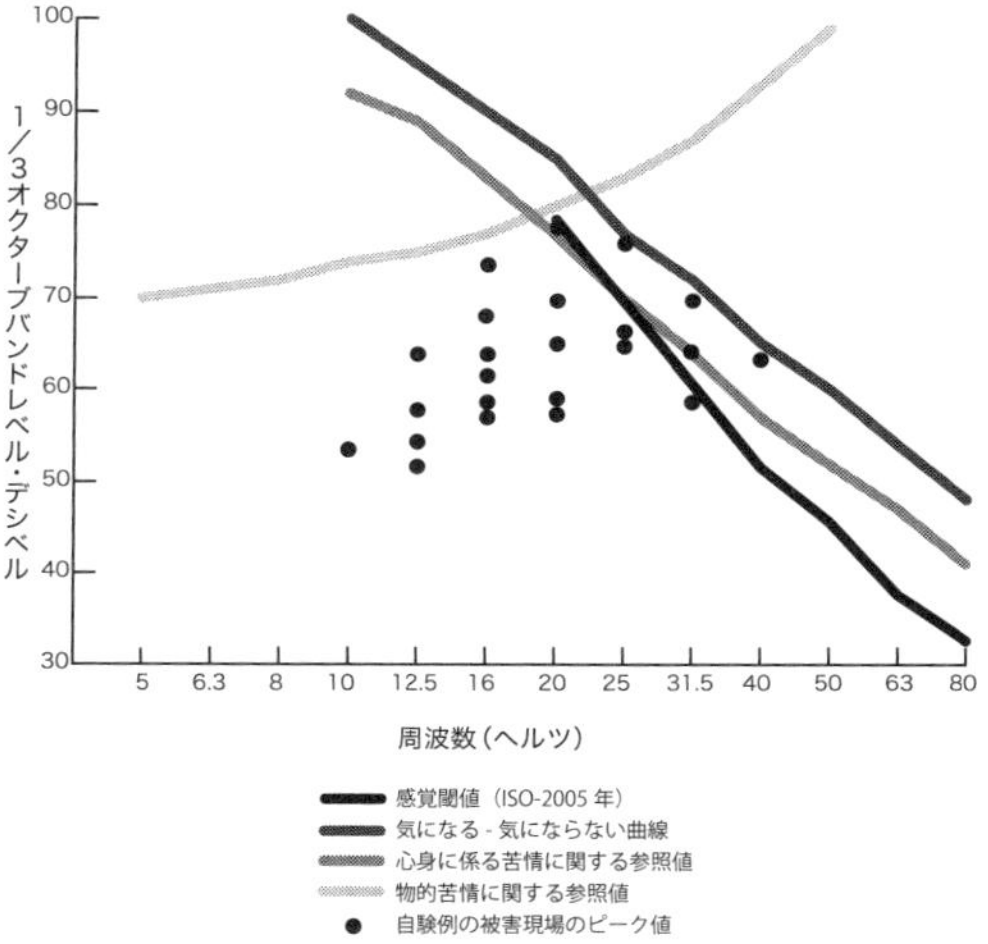

1／3オクターブバンドレベル・デシベル

周波数（ヘルツ）

感覚閾値（ISO-2005 年）
気になる - 気にならない曲線
心身に係る苦情に関する参照値
物的苦情に関する参照値
自験例の被害現場のピーク値

③「低周波音に対する感覚と評価に関する基礎研究」（一九八一年）による「気になる－気にならない曲線」の評価値

……などが提唱されている。

それらは、因果関係・受忍限度の基準とされてよいと考える。感覚閾値を下回る音圧レベルの低周波音であれば、個人への健康影響を認めるに足りる知見はない（実在する低周波音被害者の存在はどうなっているの?・）。

以上、三つの診断基準もどきのものをグラフ化し、それに私の経験した二三例の自験例の

ピーク値を記入してみました。**【第16図】**

案の定、この三つの偽診断基準は、急しゅんな右肩下がりで、似たり寄ったりです。いずれも気導音の実験値であることを教えております。一つならだませなくても、三つあればだませるだろうと考えるのは、詐欺師の常套手段ではありませんか。

被害者が感覚閾値の平均値から相当程度下回る水準に、自己の感覚閾値が存在するのであれば、被害者において、無響室（残響のほとんどない特別な実験室）における検査等によって、個人の感覚閾値の水準を直接証明し、測定値がその個人の感覚閾値の水準に達していることを証明しなければならない。

一見合理的な論述のごとくですが、血も涙もない人間性が浮かび上がります。低周波音被害者は何も悪いことはしていないのに、ひどい苦難の中に置かれています。その上、そこまでしなければならないというのでしょうか。まるで見せしめではありませんか。

低周波音被害者の感覚閾値を証明するような無響室の存在など、寡聞にして私は知りません。日本の、あるいは世界のどこにあるのか、あると言うなら、気の毒な被害者に教えてやって欲しいのです。

実は、それに近いものが昔あったのです。**【第5図】**（六九ページ）に示した「低周波空気振動に敏感な被検者」を導き出した研究です。

それは昭和五三年度「環境庁委託業務発表」ですが、なぜかそれきり地球上から姿を消して三〇年余、跡形もありません。それで現在の低周波音被害者は、どこでどうしろというのでしょうか。

この『判例時報』一九九一号、一九九二号の記述は、主題だけ騒音被害と低周波音被害を区別しているだけで、本文では両者の相違について触れようとしないだけでなく、共通した気導音の実験成績を基準扱いしているのです。物も同じ、診断基準も同じで、両者をどう区別できると言うのでしょうか。

こんなばかげた論文は、科学の世界では有り得ないと思うのですが、法曹の世界では有り得るのですね。これでは冤罪が次々発生しても当然です。冤罪を無くして欲しいという菅家さんの願いがかなえられるのはいつの世のことでしょうか。

汐見文隆（しおみ・ふみたか）
1924年（大正13年）京都市生まれ。京都帝国大学医学部卒業後、内科医となる。和歌山赤十字病院第一内科部長を経て1965年和歌山市内で汐見内科を開業。和歌山県保険医協会理事（公害担当）、全国保険医団体連合会の公害環境対策部員を務めたほか、1972年より「和歌山から公害をなくす市民のつどい」の代表世話人となり、市民による公害問題の学習の場としての「公害教室」を31年間（166回）開催。1995年、低周波音公害の調査や公害被害者の救済活動で第４回田尻賞を受賞。
『低周波音被害の恐怖――エコキュートと風車』（2009年、アットワークス）、『隠された健康障害――低周波音公害の真実』（1999年、かもがわ出版）、『道路公害と低周波音』（1998年、晩聲社）など著書多数。監修した本に『原発を拒み続けた和歌山の記録』（2012年、寿郎社）などがある。
2016年３月20日、逝去。享年92。本書は遺稿。

低周波音被害を追って（ていしゅうはおんひがいをおって）　低周波音症候群から風力発電公害へ（ていしゅうはおんしょうこうぐんからふうりょくはつでんこうがいへ）

発　行　2016年10月31日　初版第1刷
　　　　2021年6月30日　初版第2刷

著　者　汐見文隆

発行者　土肥寿郎

発行所　有限会社寿郎社
〒060－0807 北海道札幌市北区北7条西2丁目37山京ビル
電話 011-708-8565　FAX 011-708-8566
E-mail doi@jurousha.com
URL https://www.ju-rousha.com/
郵便振替 02730-3-10602

印刷所　モリモト印刷株式会社

落丁・乱丁はお取り替えいたします。ISBN 978-4-902269-94-9 C0036